国外土木建筑工程系列

U0322323

# 建筑设计与环境规划

［日］ 柏原士郎　编著

　　　崔正秀　崔硕华　译

中国建筑工业出版社

著作权合同登记图字：01-2015-0765 号

图书在版编目（CIP）数据

建筑设计与环境规划 /（日）柏原士郎编著；崔正秀，
崔硕华译 . — 北京：中国建筑工业出版社，2019.6
（国外土木建筑工程系列）
ISBN 978-7-112-23557-5

I . ①建… II . ①柏… ②崔… ③崔… III . ①建筑
设计 — 研究②环境规划 — 研究　 IV . ① TU2 ② X32

中国版本图书馆 CIP 数据核字（2019）第 058982 号

责任编辑：率　琦　白玉美
责任校对：赵　颖

国外土木建筑工程系列
建筑设计与环境规划
[日]　柏原士郎　编著
崔正秀　崔硕华　译
　　＊
中国建筑工业出版社出版、发行（北京海淀三里河路9号）
各地新华书店、建筑书店经销
北京点击世代文化传媒有限公司制版
北京市密东印刷有限公司印刷
　　＊
开本：787×1092毫米　1/16　印张：12¼　字数：324千字
2019年7月第一版　2019年7月第一次印刷
定价：48.00元
ISBN 978-7-112-23557-5
　　　（33849）
版权所有　翻印必究
如有印装质量问题，可寄本社退换
（邮政编码 100037）

[ 主编、执笔 ]

柏原士郎　武库川女子大学生活环境学部生活环境学科　教授
　　　　　大阪大学　名誉教授


[ 执笔 ]

田中直人　摄南大学工学部建筑学科　教授
吉村英祐　大阪大学研究生院工学研究科地球综合工程学专业　副教授
横田隆司　大阪大学研究生院工学研究科地球综合工程学专业　教授
增田敬彦　增田敬彦一级建筑师事务所　法人代表
饭田　匡　大阪大学研究生院工学研究科地球综合工程学专业　助理教授
木多彩子　摄南大学工学部建筑学科　副教授
阪田弘一　京都工艺纤维大学工艺学部造型学科　副教授
佐野　杪　大阪大学研究生院工学研究科地球综合工程学专业　研究生

# 前　言

如果没有光、风、水，人类就不能生存。不过，这些大自然的恩惠有时候会变成对人类的威胁。既要最大限度地享受恩惠，又要消除威胁，这就是建筑设计的基本。人类为了获得舒适的环境，不断地探索和创造建筑空间。随着抗衡环境的各种设备技术的高速发展，创造完全与外部环境隔绝的、舒适的内部环境成为现实。不过，这种依靠机器设备创造出来的人工环境，给人类的生理和心理带来多大的影响尚不得而知。还有，随着地球环境、能源、资源等问题成为世界性问题，越来越强烈地要求建筑环境规划最大限度地与自然共存。

本书以现代社会对环境的认识为基础，面向建筑设计初学者和立志于从事建筑设计的人士编写，可谓是环境规划设计的入门书。本书从建筑设计的立场出发，阐述光、风等建筑设计必须掌握的特性及其与建筑之间的关系。

本书共分 8 章，每章都围绕环境规划设计这个着眼点展开，不需要按从头到尾的顺序学习，可以从任意章节开始。因此，读者可以从中选择自己认为必要的部分加以阅读。

为了帮助读者更好地理解，本书尽可能多地收录照片和图表。希望读者能够透过本书看到建筑的草根性与合理性，读懂先人的智慧。走在现代建筑设计前沿的建筑家们，也都致力于把环境条件融合在建筑设计之中。希望读者真诚地面对自然环境，积极地想办法把环境体现在自己的设计之中，相信本书对此会有很好的参考价值。

本书作者早在 1994 年就出版发行了《建筑设计与结构规划》（朝仓书店）一书，站在建筑设计的立场阐述了与结构规划相关的基础知识。本书是该书的姊妹书。建筑是一门综合艺术，也是各种技术的统合表现。在需要本专业知识的同时，也需要跨专业的知识。作者出书的目的，也是基于这种认识。不过，能否圆满地取得如期的目的和效果，心中还是有些问号。如有不当之处，恳请读者予以指正。

在本书的编辑过程中，得到了以大阪大学研究生院丰田正男教授、桑野园子教授为首的各位同仁提供的照片、图片等资料，在此表示诚挚的谢意。

研究生院的各位学生积极参与资料收集和整理工作，朝仓书店承担了本书的编辑工作。此外，还有许多同仁对本书的出版给予了很多帮助。请允许本人代表作者在此表达真诚的感谢。

柏原士郎

2005 年 4 月

# 目 录

插图：增田敬彦

桂离宫（日本京都）

乌希萨尔城堡
（土耳其卡帕多奇亚）

# 各种建筑的智慧

建筑物在世界上尚没有形成四边形、长方体之前，
都很善于活用阳光、水、风等自然恩惠

住家屋顶上并排矗立的风捕捉器（巴基斯坦海得拉巴）

Mienala · Miexiniaga
（马来西亚吉隆坡）
设计：Gen · Yangu
1992 年

德国联邦议会大厦
（德国柏林）
设计：诺曼 · 福斯特
1999 年

# 最新建筑

优秀的建筑应该：不是与自然抗争，
而是善于利用自然

芝贝欧文化中心
（新喀里多尼亚，努美阿）
设计：伦佐·皮亚诺
1998 年

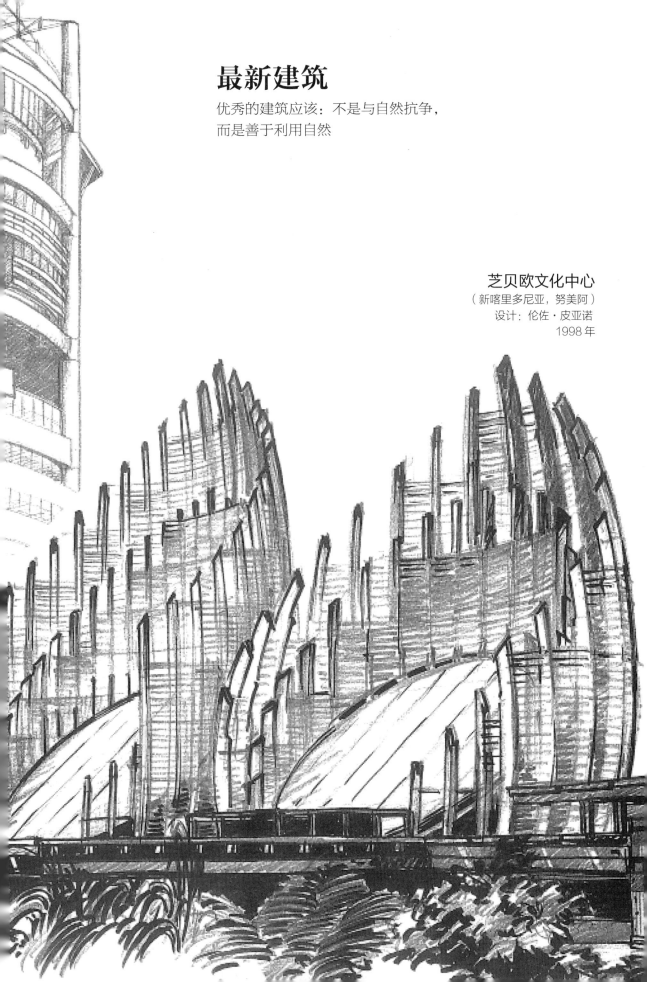

# 1

# 建筑与环境

生物圈 2 是模仿地球（生物圈 1）在美国的亚利桑那州建成的、完全封闭的生命维持设施。

内部设施包括热带雨林、海、湿地、沙漠、农场、居屋，除太阳光和供电以外，空气、水、食物等全部在封闭系统中循环供给。它是一个独立的生物圈，是一个微型地球。为研究地球环境和宇宙基地建设提供了技术研发平台。

1991 年，有 8 名研究人员进驻此地，进行为期 2 年与世隔绝的实验研究。

## 1.1 什么是环境?

所谓环境就是,把人类和生物包围在其中,与之相互作用的外部条件,通常可以划分为自然环境和社会环境。把包围人类的环境因素进一步展开,可以得到表1。

### a. 自然环境

这里所指的"自然",严格地说是指"没有添加人为因素,完全是自己形成的状态"。但是,地球如同被称为"宇宙飞船地球号"[注1]一样,是一个自闭型行星,多多少少会受到人类社会的影响。例如:近年来随着地球变暖[注2],太阳光和热对人类社会的诸多生活带来很大影响,改变了地球原来的环境。预测生态系统将会受到长期性的破坏,直接威胁人类的生存。

大气中的温度、湿度、风,对人类社会也会带来很大的影响。在不同温度和湿度的条件下,人类的居住形态也会不同。图1.1所示,比较欧洲(雅典)和日本(东京)时,可以发现两地的气候特征正好相反。东京和大阪等地,夏天炎热、通风状况差,让人难以承受。而欧洲由于夏季湿度较低,相对容易度过。从两地的建筑物窗户、开口部位的设置,也能看到不同的特征。不仅如此,风土对社会形态、人类的精神结构等方面,也有很大的影响。[1]

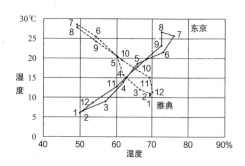

**图1.1** 不同地域的气象图差异[17]
月平均气温(℃):东京、雅典均为1971~2000年的统计数,
月平均湿度(%):东京为1971~2000年的统计数,雅典为1961~1990年的统计数。

人类是直立行走的动物,由于是在大地上生活,因此接受大地的影响很大。例如:在平原、丘陵、山岳、沙漠等不同的大地性状下,人类生活空间的状况有很大的不同。还有,发生大地震时,受到的影响也是巨大的。

上述物理环境不仅对人类,对其他动植物的影响也很大。以人类为中心思考问题时,这些动植物作为生物环境,对人类也带来了较大的影响。例如:对人类不可或缺的氧气,就是在阳光和植物的相互作用以及大气中二氧化碳的相互作用下产生的(图1.2)。

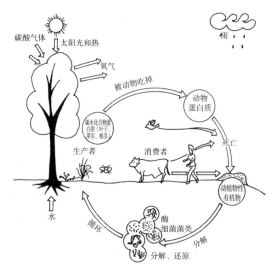

**图1.2** 生态系的循环图[23]

**人类的环境**　　　　　　　　　　表1.1

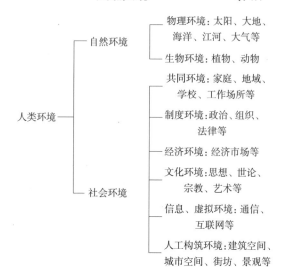

### b. 社会环境

人类是形成社会而生存的动物。人类创造了非常复杂的社会环境，如表1所示。人类是以家庭、地域、国家为基本载体。

虽然生活在同一个地球，但是人类是在不同制度的国家架构下营生的。制度有社会主义社会和资本主义社会之分，其经济系统也是在不同的思想指导下运转，在很大程度上规范我们的生活。这种规范不仅体现在经济环境，也体现在制度环境、文化环境中。以这些环境为基础，人为构筑的环境应运而生，把人类的生活环境包围在其中。人工构筑环境包括建筑空间、城市空间、地域空间等，范围非常广泛。人类的历史可以视为社会环境形成的历史。

在社会环境中进行建筑的环境规划时，需要考虑上述许多方面的因素。例如：在考虑建筑节能问题时，不仅要考虑设备本身的节能化、空间的形态操作等物理性方法，还要考虑电梯的运行管理、夏季[注3]的运营等，从制度和生活状态的变化情况等来研究降低能源使用量的方法。从硬件和软件两方面入手，综合实施很重要。

## 1.2 环境伦理学的三个主张

人类在享受自然环境恩惠的同时，逐渐形成了社会环境。可以认为社会环境消除了大自然的威胁，是人类进步的表现。但是，伴随文明和进步，却也破坏了自然环境，威胁着包括人类在内的生态系统的持续性。从今往后我们如何面对和思考环境，自然与人类之间的关系应该是什么样的，环境伦理学始终在探索这些问题。我们在考虑建筑环境时，也应该关注这些问题。

环境伦理学的三个主张[2,3]是：①地球的有限性；②保护生物；③世代之间的伦理。

### a. 地球的有限性

生态系不是开放的宇宙，而是封闭的世界。在有限空间中，原则上可以认为，所有的行为都具有对他者造成伤害的可能性。城市、工业文明

的发展，结果就是生产、消费、废弃，面临资源枯竭与环境荒废的两难境地。建筑的生产行为也关系到资源的消费和废弃，自然也要作为伦理的问题来思考。

### b. 保护生物

谈到自然界中的生存权问题，不仅是人类，包括生物物种、生态系、景观等在内，其生存权也都不能剥夺。

环境伦理学认为，当今的环境受到破坏的根源来自以人类为中心的价值观。要求人类即便是牺牲自己的生活，也有义务保全环境。创造建筑，意味着要改变环境。进行建筑规划时，时刻想着如何保护植物和动物显得非常重要。

### c. 世代之间的伦理

当今的世代自然要对下一代的生存负起责任。当今的我们也是在先人留下的遗产的基础上，筑起了现代社会。我们应该认真对待资源枯竭、环境污染等问题，至少让下一代在传承过程中避免承担多余的风险。就现代建筑而言，大量使用资源和能源，以竣工作为最终目标，不考虑建筑随时间的老化和寿命。这些都潜伏着很大的问题。

19世纪中叶，约翰·罗斯金高度评价哥特式建筑丰富的装饰效果，给当时的艺术领域带来了深刻的影响。他讲过如下一段至今令人刻骨铭心的话："盖房子一定要考虑未来的长期使用，如果盖房子只是为了现在的快乐和使用，我们的子孙后代就不会铭记在心，不会感谢我们。"[4]

## 1.3 环境的目标

那么，今后的环境应该是什么样的？环境的目标就是：①安全性；②健康与福祉性；③功能与便利性；④文化与舒适性；⑤有潜在未来性的经济性；⑥可持续性共存社会。以下较为详细地阐述环境的目标。

### a. 安全性

首先，环境必须具有安全性。环境时刻在威胁着人类的生存和健全的社会。包括来自其他动

物的威胁，地震、台风等自然的威胁（图1.3），他国的侵略，以及诸如犯罪等人类社会劣根性的威胁。日常生活中发生的事故有：在城市和建筑空间经常发生的交通事故和跌倒、跌落事故，在住宅领域频频发生的高龄者在浴缸中的溺死事故（图1.4）。意外发生的事故有：火灾和爆炸、核燃料泄露等。还有为了人类更好生存和社会进步而开发的科学技术所带来的环境污染、环境荷尔蒙[注4]的威胁等。比较典型的例子是，新型建筑材料所含有的甲醛对人类的健康伤害。这个问题与下面的健康话题也有关联。为了防止这些威胁，造就安全的环境理所当然是重要的目标之一。

图1.3 地震的危害（阪神、淡路大地震，
摄于1995年1月31日）

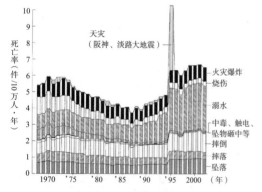

图1.4 与建筑相关的事故、灾害随时间的变化
（依据文献[22]中直井英雄的制表数据制作）

## b. 健康与福祉性

人类继续生存并且幸福地生活下去，首先离不开肉体和精神上的健康。为此，需要室内外卫生的居住环境。自从欧洲的工业革命以来，城

市规划的第一目标就是建设卫生城市。工业化革命带来了人口在城市的集中，使得城市环境极度恶化，鼠疫等疫情大肆流行。在巴黎，拿破仑三世指挥实施城市的大改造（图1.5）。在英国，制定并实施卫生法，在城市的郊区建设田园城市（图1.6）。[注5] 近代建筑国际会议（CIAM）[注6] 在雅典宣言中，提出了城市建设口号（太阳、空气、绿色），成为近代建筑运动中心。城市建设必须引进太阳光和新鲜空气的思考方式。它日渐成为日本新城建设的动机。

环境不能给人类带来精神上的痛苦和烦恼，这也是非常重要的。在过密状态下培育的老鼠，其肾上腺皮质肿大，出现低血糖、胃溃疡等症状的实验研究非常有名。[5] 同样，在考虑人类生活环境时，制定居住环境的密度也是基本的问题。此外，针对纯居住性郊区新城（图1.7）建设，也有不同的声音，认为虽然卫生，但缺乏适度的世俗性，不利于人性化社会。尤其强调对处于成长期的青少年的生活环境，带来诸多问题。[注7] 环境与人类精神之间的关系，从科学的角度还没有十分明确，它将成为与今后社会人人相关的重要课题。

图1.5 拿破仑三世指挥实施的巴黎城市大改造
（19世纪）[20]
（a）改造前的巴黎，（b）改造中的城市，（c）改造后的街道。

图1.6 英国的田园城市（莱奇沃思，19世纪前半叶）[16]

**图 1.7** 日本的郊区新城（金刚新城，大阪府，摄于 1984 年）[21]

与人类相关的问题，对不同年龄和性格的人，对强壮与虚弱等不同人群的身体、精神状态，其具体的目标与对策也各不相同。尤其是随着高龄化社会和人类生活形态的变化，如何思考社会弱势群体的生活环境等福祉性等问题，显得很重要。

### c. 功能与便利性

人类的生活活动，要求环境的便利性。在家庭的日常生活和生产活动等工作中，环境的不便与低效率性，常常成为伤害人类肉体和精神的要因。人类社会也是在人类不断征服和进化环境的过程中得到进步和发展。但是，重视功能、快速建设的高速公路却成了公害元凶，也存在污染地球环境的弊端。便利性、功能性、高效率可谓是近代文明进步的关键。现在看来，如何从环境的角度综合考虑人类发展的确重要。

### d. 文化与舒适性

美丽、舒适的环境，给予人类身心的安逸和快乐。人类与动物的最大的不同之处，也许就是创造了文化这一精神活动的成果。音乐、绘画、雕塑等艺术作品，优秀的建筑和城市景观，的确丰富了人类的生活。但是，在近代社会，过度地追求舒适的空间和文化创作活动，导致了环境的破坏。与追求便利性和高效率一样，也要从与环境相协调的角度考虑舒适性与文化发展的问题。

### e. 经济性

以上讨论的安全性、健康与福祉性、便利性、舒适与文化性等诸多问题，通常都离不开人类的经济活动。也就是说，各种活动之所以能够实施，是因为在其背后有经济性的支撑。近年来兴起的志愿者的环境保护运动，乍一看似乎与经济活动没有关系，实际上环境运动本身需要资金的支持，与经济切断关系是不可能做到的。绿色消费组织[注8]倡导的消费行动中，也开始追求带有经济性价值的对环境的贡献。要实现环境目标，必须确保适当的经济性。

### f. 可持续性共存社会

随着人类不断地建设理想环境，各种地球环境问题、资源与能源问题等也接踵而来，结果是威胁着人类自身的生存。如何创造可持续性社会，对我们的环境来说是最重要的课题。我们应该放弃以人类为中心的环境建设思路，树立与周围的动物、植物以及物质等在内的所有存在物共存的思想。

## 1.4　如何掌握环境与建筑的关系

建筑的主要功能，就是作为人类的隐蔽场所。在远古时代，人类建造固定居所的目的，就是遮风挡雨，防止猛兽的侵害、抵御炎热和寒冷，保护自身安全。也就是建造与外界相隔离的内部空间。这也是建筑的起源。当然，人类的居住环境不可能仅限于建筑物的内部空间建设，要向建筑物的外部延伸，也要把室外空间作为人类生活场所的一部分。例如：在屋外生火做饭的非洲民居（图1.8），以街道和广场作为生活场所的意大利诸城市（图1.9）。建筑物的内外空间都是互相作为补充，完成生活的诸多功能。建筑学家芦原义信讲到[6]："意大利人生活的寝室都很小，但他们拥有很大的起居室。究其原因，在意大利，街道和广场都被看作生活场所、娱乐房间、玄关外的会客室。"人类的生活环境，由建筑物内部空间、建筑物之间的空间、吊脚楼下架空层等中间领域也就是半室

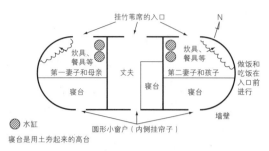

图1.8 在门外烧火做饭的巴乌莱族民居[14]

图1.9 屋外生活（博洛尼亚）

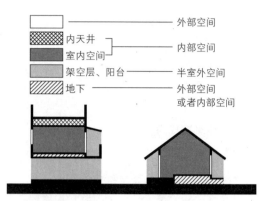

图1.10 外部空间、内部空间、半室外空间

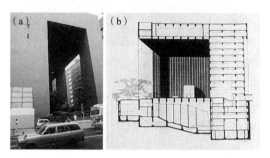

图1.11 拥有中间领域的建筑（福冈银行总店，设计：黑
　　　 川纪章，1975年）
　　　 （a）外立面;（b）剖面图

外空间组成（图1.10）。所以，要综合考虑人类的生活环境。图1.11是把半室外空间作为建筑规划创意重点的设计案例。

进行环境规划，必须把握如下三个观点。

### a. 场所与地域环境

1）环境的分阶段组成

人类环境，从空间上讲，包括身边的狭窄环境以及地球环境、宇宙环境等宽广的环境。图1.12是希腊城市规划学者康斯坦丁诺所揭示的物理性的人类居住与环境科学比例图。[7]人类群居学（ekistics）是他所提倡的人类居住社会科学。这个比例图的重要之处在于：指出环境是由房间、居家、邻居、城市等的分阶段构成，并且各个组成要素之间相互关联和重叠。它说明进行建筑规划时，需要考虑城市规划乃至地球层面上的各种因素。反过来，进行城市规划时，需要考虑建筑规划乃至人体层面上的各种因素。这个观点对地球环境越来越成为问题的当今与今后的生活环境规划，很有指导意义。

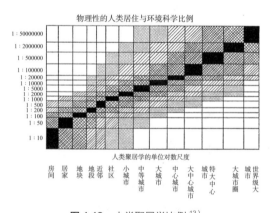

图1.12 人类聚居学比例[13]

2）环境的场所性

建筑设计的第一阶段，是熟悉地块和周边环境。除了解地域中的所在环境、用地形状、植被、栖息生物、气候条件等以外，也要了解土地的历史和成因。在阪神、淡路大地震中，有一处倒塌大楼旁边的相邻建筑物只受到轻微伤害。其原因就是倒塌大楼处的地基，过去是一片低洼湿地，

属于软弱地基。地层中存在断裂带<sup>注9</sup>的事实也得到重视（图 1.13）。

建筑设计，不可能在像白纸那样的均质空间中完成。必须把握好每一片土地的特性。但是，近代社会的技术进步，在任何条件下的土地上都能设计建筑物成为可能，产生了在人工环境下也能创造舒适的生活空间的错误的规划思想。这就是近代社会所谓的"场所性的丧失"。[8] 针对这些流行趋势，近年来，三世纪前后在中国诞生的风水思想受到瞩目。这种思想认为：在自然环境中，"风"和"水"是左右气候的重要因素。确保安定的生活，以抵御"风"和"水"为基本。产生了从房间去向到城市规划、重视地形和方位、判断空间构成稳妥性的"风水术"（图 1.14）。这种思考方式虽然并不科学，但至少唤起了近代社会逐渐失去的对环境的意识。

### 3）风土与地域

地球是太阳系中的一个行星。被大气层包围着，其地表面积的 70% 是海洋。地球地表附近的环境适合动植物的发育，通过进化过程，形成了丰富的生物体系。地球绕太阳运行一圈的时间大约是一年零一周，自转周期是一天。由于自转轴与公转轴之间存在倾斜度，因此产生四季和昼夜现象。由于地球是球体状，其表面接受太阳光和热的条件各不相同，使得地表各处的物理环境不是均匀而是存在差别。因此不同地域出现了适合

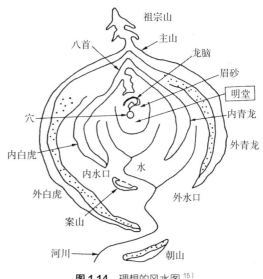

**图 1.14** 理想的风水图 [15]

不同地域环境条件的多种动植物，通过发育、进化而成长，产生了具有不同物理环境和生物生长环境特征的"风土"。

人类与其他动植物不同。人类依靠技术的力量，创造出适合自己生理特点的、与外部环境（自然环境）相对分离的环境（人工环境）。其结果是产生了适合地域自然环境，也就是符合风土特征的各式建筑（图 1.15）。

随着技术力的惊人进步，人类不断征服自然环境，使其成为人工环境，开始创造与风土没有关系的建筑。

不过，维持人工环境，需要消耗巨大的能源和资源。这就是造成当今地球环境问题的元凶之一。为了解决破坏生态系统和威胁人类生存的地球环境问题，要坚持与其他生物共存、可持续发展的居住环境建设为基本原则。

**图 1.13** 近畿地层的主要活跃断裂带 [18]

**图 1.15** 来自风土的建筑
（a）土耳其的卡帕多奇亚（摄影：丰田政男）[14]；
（b）鹿儿岛的分离式民居（江户时代末期）

哲学家和辻哲郎阐述风土与人类精神结构的关系，把山、沙漠、草场设定为风土的三个类型，形象地勾画了以日本为主的，包括世界各地的民族、文化、社会特性。[1] 利用风土认识环境，利用风土论述民族、社会、文化，把建筑作为承载的容器。

## b. 各主体的环境

人类作为主体，如何把握环境客体（实质环境），这是环境规划的基本。人类由于年龄、身体状况、民族、国民性质等的不同，把握环境和受到环境的影响也各不相同。

### 1）年龄

小学生时代，感觉校园很大；长大成人以后，偶尔访问母校时感觉到昔日的母校校园很狭窄。来过母校的成人也许都有这种感觉吧。这说明不同的年龄段，对同样面积（环境）的大小，理解还是有区别的。这种理解上的区别，在其他方面也有很多。例如：不同年龄段的人对声音、视觉的生理反应是不同的。一般来讲，随着年龄的增加，其生理反应在衰退。老年人的眼睛水晶体（聚焦）变黄，视力下降，较难看清青色和紫色。如果标题等文字采用青色或者紫色，难以引起老年人的注意力。所以，需要老年人签字画押时，一定要注意所使用文字的颜色。

### 2）身体与精神状态

人类（主体）的肉体、精神状况不同，把握环境（客体）的方式也不同。例如：对健康人的行动没有任何影响的环境，但对耳目有障碍或者行动不便的人群来说，或许成了大问题。建筑和城市的无障碍化，就是针对这些身体虚弱的人群而设计的，为他们提供了最大可能的便利。不仅是在肉体上，在精神上也存在差别。例如：有精神障碍的人群对高温的反应迟钝，感觉不到正在接触高热炉子而造成严重的烧伤。在考虑不同人群的生活环境时，需要充分把握生活在该地区的不同人群的生理和心理。

需要注意的是，即便是健康人群，其每一个人的肉体和精神状况也是有差别的。如何定义健康，其实是一个复杂、困难的事情。例如：随着

年龄的增加，其身体状况越来越不自由；突然生病而无法继续平常的行动；发生停电等紧急情况时，正常人的视觉能力不如视觉障碍者的空间感知能力，而不能顺利完成避难等。

### 3）民族与国民性

欧洲人访问日本时的第一感觉，就是公共场所噪声大。日本似乎是噪声大国。店铺在街面的宣传、店内的 BGM、铁路车站的介绍、车内乘务员的喊话等的确刺耳。

在日本的集合式住宅，住户之间的噪声干扰是最头疼的一件事情。在欧洲，特别严肃地对待噪声干扰，据说到了深夜，用水时的声音也要严格自律。单单列举声音一项，不同的国民性（主体）对环境（客体）的接受和拒绝也各不相同。有一份调查结果反映：对路口刺耳的警笛声，欧洲人认为与教堂的钟声相似，可以平静地接受（图1.16）。[9] 必须了解不同的国民性对环境有不相同的接纳方式，这对于面向国际化的建筑规划很有益处。

## c. 形象化的环境

对于俨然存在的物理性环境（客体的环境），由于存在主观意识上的差别，会形成各自独立的环境（主体的环境）认识。公元前 7 世纪，西亚的巴比洛尼亚人认为，大地就像一个很大的圆盘，飘浮

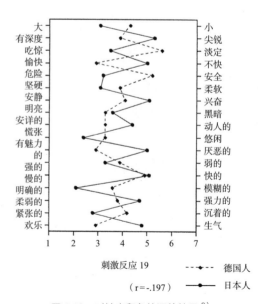

**图1.16** 对钟声印象的评价结果[9]

在周围大海之中。主体如何认识客体，对考虑环境很重要。因为建筑规划必须迎合主体的反应，包括人类赞美什么、喜欢什么、何时感到舒适等这些客体的环境（刺激）与主体（人类）的反应关系，都是必须了解和掌握的。视觉的误区（图1.17）、知觉的永久性注10等现象，就是很好的例子。

K·考夫卡（1935年）明确指出人类在环境映像（形象）与实际环境之间的错觉[10]，下面引用他所讲的在瑞士广为流传的一段故事："在某年冬天一个风雪交加的晚上，有一位骑马的男子来到博登湖畔的一家驿站投宿。驿站主人惊讶地询问男子从哪里来，男子用手指了指方向，主人看了方向以后，仰天惊叹：你是从湖中间穿过来的呀！话音刚落，男子过于吃惊，突然跪倒在地上，一命呜呼"。

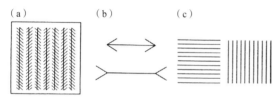

**图1.17** 对平面性形状的错觉[17]
（a）佐尔拉图形；（b）缪勒（莱尔图形）；（c）赫尔曼方格图形

# 1.5 人类的密度与环境

当一个人乘坐电梯时，如果再有人进来，尽管到达目的地楼层的时间不会受到影响，也总有一种不愉快的感觉。还有在拥挤的电车里紧挨着他人时，感受到与在电梯中截然不同的心理刺激。同时车内污浊的空气、杂味、闷热等使人心情烦躁。人类本身其实就是环境的重要组成部分。通常来说，密度小则舒适，密度高则发生各种问题，有时还可能发生群体事件。

进行环境规划时，如何设定密度？确定空间的合适密度是规划工作的重要研究事项。

空间的比例，从电话亭等狭小的空间到电梯、房间、建筑物、地区、地域、国家、地球等，有

许多不同的阶段和阶层。

对地球环境，考虑到水资源、食物、能源、资源的有限性，适度的人口密度和人口规模是最重要的问题。本书概略性地介绍与建筑环境规划有关的公共空间、建筑物内部、居住地人口密度等问题，需要详细了解时，可见参考文献[11]等资料。

### a. 公共空间

在公共场所，每个人都想在自己周围拥有气泡般的空间，以免与他人挨得较近（图1.18）。但另一方面，人又拒绝与他人没有交流地生活。通常都是根据情况保持着适当的距离，维持与他人的关系。美国文化人类学家爱德华·霍尔在观察人类的基础上，对人与人之间的相互距离做出如下四种见解[12]：

①密切距离：大约是45cm以内，只发生在非常亲密的人之间；

②个体距离：大约是45～120cm，伸手时可以接触到对方身体，保持着私密性关系；

③社会距离：大约是120～360cm，是身体接触困难的距离。发生在与私密性无关的事件或者社会性集会；

④公众距离：大约是360cm以上，发生在演讲等公办场合。

通常，我们都保持良好的人间距离，过着日常生活。如果发生密集的情况，就会产生烦躁情绪，心理变得异常。

### b. 建筑物内的人口密度

人到底能够承受多大的人口密度呢？选择大小与公共电话亭相当的，面积为0.7m²的空间做

**图1.18** 人群的分布与个体之间的距离

实验。当达到 13 人 / m² 的时候，尖叫声和惨叫声急剧增加。[11] 这种情况在现实生活中基本不存在，在超满员的地铁门口附近有时达到 10 人 / m² 的程度。在建筑规划中，为了防止出现群体事故，必须设定合理的密度。不仅考虑高密度问题，还要依据建筑物内的使用人数（建筑物人口）确定密度。建筑规模、电梯数量、大小便器和洗手器等卫生设备的数量、确保安全的紧急避难设施和设备、室内通风等，都是根据建筑物人口来规划。表 1.2 是依据消防法、防灾规划指针、实际调查资料提

出的密度值。[11] 可以作为实施规划前的初步研讨时的参考。进行实际规划时，要根据更加详细的法规和指南收集资料，还要有一定的超前意识。

### c. 居住地的人口密度

中国香港的九龙半岛乔丹路地区是世界上有名的人口高密度地区。其人口密度是日本高层建筑高密度小区的 10 倍，约为 13000 人 /hm²，可谓是令人吃惊的数字。如此超高密度状态下，一家人同时睡觉恐怕都有困难。人口密度与生活环境质量有着密切的关系，是规划地域环境的基本指

建筑物内人数的计算标准（单位：人 /m²）[11]      表 1.2

| 建筑物类型 | 消防法规要求 | 防灾指南要求 | 实际调查与推荐值 |
| --- | --- | --- | --- |
| 办公 | 员工数 +（其他人使用的占地面积 ×0.33） | 0.25 | 一倍租赁面积 ×0.23 |
| 百货店<br>小卖铺 | 员工数 +（客人用餐、休息部分的占地面积 ×0.33）<br>员工数 +（其他人使用的占地面积 ×0.33） | 普通店铺和卖场 0.5<br>特卖场 1.0<br>混合卖场 0.75 | 小卖铺 0.23<br>百货店普通月份 0.34<br>12 月份 0.69<br>特卖场 1.2 |
| 茶馆<br>餐饮店 | 员工数 + 固定椅子数 +（其他人使用的占地面积 ×0.33） | 大众饭店 1.0<br>餐厅 0.75 | 客用面积 ×0.6<br>餐厅 0.38<br>茶馆 0.51<br>餐饮店 0.42 |
| 酒吧、舞厅等 | 员工数 + 固定椅子数 +（其他人使用的占地面积 ×0.33） | 酒吧 1.0 | 酒吧 0.3<br>舞厅 1.35<br>柜台式酒吧 0.8<br>酒馆 0.4<br>大众酒吧 0.4<br>迪斯科舞厅 0.62 |
| 游戏厅 | 员工数 + 游艺器具使用者数 + 固定椅子数 | 1.0 | 弹子房 1.0<br>弹子房 0.84<br>游戏中心 0.62 |
| 剧场<br>电影院 | 员工数 + 固定椅子数 +（站席所占面积 ×5）+（其他人使用的占地面积 ×2） | 客席部分 2.0 | 客席部分 1.6 |
| 会议室<br>演讲厅 | — | 演讲厅、宴会场 1.5<br>会议室 0.75 | — |
| 图书馆<br>美术馆 | 员工数 +（阅览室、展示室、会议室、休息室的占地面积之和 ×0.33） | 图书室 0.5 | 会场总面积 ×0.2 |
| 学校 | 教职员工数 + 儿童、学徒、学生数 | 教室 0.75 | — |
| 医疗设施 | 员工数 + 病床数 +（等待室的面积 ×0.33） | 大病房 0.25<br>小病房 0.1<br>诊疗所 0.1 | 一般医院患者数<br>总建筑面积 ×0.03（住院患者）<br>+ 总建筑面积 ×0.05（门诊患者） |
| 酒店、旅馆等 | 员工数 + 床数（日式客房面积 ×0.17）+ 集会、餐饮、休息部分的椅子数 +（以上部分占地面积 ×0.33） | 酒店客人数 0.1<br>旅馆 0.25<br>一般大堂等 0.25 | 商务酒店 住宿部分 ×0.05<br>假日酒店 住宿部分 ×0.02<br>城市旅馆 住宿部分 ×0.1<br>旅游地旅馆 住宿部分 ×0.05<br>团体旅馆 住宿部分 ×0.6 |
| 宿舍 | 居住人数 | 0.25 | — |

人口密度（人 /hm²）

10　　　　　　100　　　　　　　200　　　　　300

六丽庄（芦屋市）
17 人 /hm²，5 ~ 6 户 /hm²

帝塚山（大阪市住吉区）
84 人 /hm²，28 户 /hm²

万代（大阪市住吉区）
285 人 /hm²，95 户 /hm²

人口密度（人 /hm²）

500　　　　　700　　　　　900　　　　　1100

府中小区（府中市）
378 人 /hm²，126 户 /hm²

大岛 4 丁目小区
（东京都江东区）

大川端河边城
（东京都中央区）
1163 人 /hm²，388 户 /hm²

**图 1.19** 地域现状与人口密度水平[11]

标。以下是密度水平与地域状况之间的相关数据（图 1.19）。[11]

① 100 人 /hm² 以下：二战前，东京的郊区、山坡上的高档居住区、田园分布以及关西地区的山脚下的芦苇棚屋等，都是具有代表意义的地区。当时的每户用地面积都超过 500m²。

② 100 ~ 200 人 /hm²：以中产阶级的独立式住宅为代表，每户用地面积差不多是 250m²，保持良好的环境。

③ 200 ~ 300 人 /hm²：郊区密集的居住区、连排式 2 层独立住宅、公寓等混合地区成为主角，每户用地面积差不多是 100 ~ 200m²。

④ 300 人 /hm² 以上：人口密度到了这个程度时，作为居住地的环境通常都较为恶劣。不过，像京都传统街区、4 ~ 5 层群居住宅小区等地区，虽然人口密度高但其居住环境还是保持了较好的状态。

⑤ 500 ~ 600 人 /hm²：像普通市民居住的木结构房屋密布的下城区，日照等环境条件极其恶劣，防灾问题也较严峻。群居住宅小区基本都是由坐北朝南的板式高层住宅群组成。

⑥ 800 人 /hm²：二战前的东京贫民窟等属于这一类人口密度。

⑦ 1000 人 /hm²：如：超高层群居住宅小区、坐西朝东内廊式点式高层住宅小区等属于这一类人口密度，这些小区的日照条件都较差。

如上所述，人口密度对地域环境的影响很大。进行地域规划时，其首要任务就是确定人口规模和人口密度。

# 参 考 文 献

1） 和辻哲郎：風土—人間学的考察，岩波書店，1943

2） 加藤尚武：環境倫理学のすすめ，丸善，1991

3） 加藤尚武編：環境と倫理，有斐閣，1998

4） ラスキン著，高橋松川訳：建築の七灯，岩波書店，1997（原著：1880）

5） 内田俊郎：動物の人口論—過密・過疎の生態をみる—，日本放送出版協会，1972

6） 芦原義信：屋根裏部屋のミニ書斎，丸善，1984

7） ドクシャデス著，磯村英一訳：新しい都市の未来像，鹿島出版会，1965

8） クリスチャン・ノルベルグ＝シュルツ著，加藤邦男訳：ゲニウス・ロキ，住まいの図書館出版局，1994

9） 桑野園子：騒音評価と心理学，日本音響学会誌，Vol.58，No 7，377—378，2002

10） 宮地伝三郎・森主一：動物の生態，岩波書店，1953

11） 岡田光正：空間デザインの原点，理工学社，1993

12） エドワード・ホール著，日高敏隆・佐藤信行訳：かくれた次元，みすず書房，1970

13） 磯村英一編：増補・都市問題事典，鹿島出版会，1969

14） 泉靖一編：住まいの原型 I，鹿島出版会，1971

15） 渡邊欣雄：風水思想と東アジア，人文書院，1990

16） Robert Lancaster：Letchworth Garden City In Camera, Quotes，1986

17） 岡田光正ほか：建築計画 1（新版），鹿島出版会，2002

18） 活断層研究会編：新編日本の活断層，東京大学出版会，1991

19） 豊田政男：不思議と感動 II，鋼構造出版，2002

20） 芸術新潮，Vol.45，No.10，1994

21） 住宅・都市整備公団関西支社編：まちづくり30 年，住宅・都市整備公団関西支社，1985

22）财团法人日本建筑防灾协会：特殊建筑物等调查者讲习テキストⅠ（平成16年版）

23）宫胁昭：人类最後の日，筑摩书房，1986

注1 宇宙飞船地球号：是美国经济学家K·鲍尔丁所倡导的新地球观。把地球看作一个封闭系统，把在以国家为中心的系统中运作的政治、经济、环境问题等转移到地球层面上，强调站在世界共同利益的立场重新认识，把地球比作宇宙飞船。

注2 地球变暖：地球的气候，从19世纪开始从寒冷的小冰川期气候向温暖气候转变。尤其是近些年，由于人类活动的增加，导致大量排放二氧化碳等吸收紫外线的气体，使得温室效应加剧。预测今后的地球气候将持续变暖。

注3 夏令时：夏天使用的时间表。是把夏天的时间比标准时间拨快，更有效地利用白天时间的一种制度规定。《京都议定书》约定的减排目标是降低温室气体排放的百分之六。在其大纲中，把夏令时作为防止地球变暖化的对策之一。

注4 环境荷尔蒙：研究证明，环境中的人工化学物质，在生物的体内，如同荷尔蒙一般，破坏生物体内部原来的平衡状态。被称为外因性内分泌混乱物质。环境荷尔蒙是新造的词语，在学术界尚有不同看法。由于容易理解，一般都在使用。二噁英、PCB等农药和苯等与塑料关联物质，都属于引起环境荷尔蒙现象的物质范畴。现在遇到的比较麻烦的问题是，尽管这些物质的使用浓度与现行化学物质安全使用标准相比很低，但是它竟然能隔代影响胎儿的发育，造成怪胎等伤害。

注5 田园城市：18世纪的英国工业革命造成大城市的人口过密状态。为了解决这一问题，埃比尼泽·霍华德（Ebenezer Howard）提出了在田园环境中规划工业区、生活区、商业设施，建设充满田园和城市魅力合二为一的城市设想。在他的规划思路下，在伦敦郊区的莱奇沃思（Letchworth）和韦林（Welwyn）等地建设了田园新城。

注6 CIAM：是Congres Internationaux d'Architecture Modene（近代建筑国际会议）的缩写。1928年，在瑞士的拉塞拉城馆召开第一届会议，把建筑议题抬高到社会、经济层面。包括W·格罗皮乌斯、勒·柯布西耶等近代建筑开拓者参加会议，由吉迪恩·图里担任秘书长。第二次会议讨论的主题是最小限度的住宅。第三次到第五次会议，主要讨论住宅和城市规划问题。第四次会议因提出雅典宪章，制定了城市规划的原则而出名。二战以后会议再次召开，在年轻一代俱乐部（团队10）的要求下，该组织终止活动。

注7 郊外问题：针对酒鬼蔷薇事件（1997年），评论家吉冈忍指出："新城连生活功能都不具备，却公开、彻底排除与性相关的东西。这本身就包含诱使处在青春期的中学生，只要受到录像、杂志等的一点点刺激，就会容易卷入犯罪行为的要素。"在这以后，藤田智美的《充当家属之家》（总裁社）等均以郊外居住地为创作舞台，以家庭问题为题材的很多小说陆续出版。

注8 绿色消费：进入20世纪80年代以后，关心地球环境问题的人士显著增加。英国的民间个人、团体呼吁消费者选择对环境负荷小的商品，积极使用绿色消费用语，出版发行宣传册子。而且为了使消费者在选购时容易辨认"善待环境的"商品，在商品上贴有环境标签。从此，"环境标签"与"绿色消费"用语，在世界范围广泛推广和使用。

注9 活跃断层：是指最近的地质时代，也就是第四纪新生代的地壳运动，直到现在也持续活动的地质断层。这种活动是间断性的，每隔数百年或者数千年会发生剧烈运动。从人类的角度看，这个剧烈活动就是地震。如果在城市附近存在活跃断层，就会如同阪神、淡路大地震（1995年）那样，将会发生造成很大伤害的垂直型地震。

注10 知觉的永久性：知觉产生的影像，不仅仅取决于视网膜成像。即使改变写入视网膜的刺激条件，知觉影像有时候并不随着发生变化，而是保持其永久性。这种现象被称为永久现象。例如：某一个物体对象离开两倍于原来的距离，此时视网膜的成像就会变成原来的1/2，但是，被知觉的物体大小，依然是原来物体的大小。

# 2

# 建筑的组成要素与环境

在澳大利亚新南威尔士州建造的玛格尼住宅（1980 年），利用可移动遮阳系统等，可以不使用空调，其生活照样能够感受季节的变化。

设计师格伦·马库特的建筑理念就如同人更换衣服一样，也能把房屋根据环境变化进行相应的调整。他全身心投入澳大利亚的工作，细心掌握该建筑用地特有的日照、风向、水流、植被等资料，一心扑在房屋设计之中。

如果把建筑当作人类庇护场所，与外部环境相对隔绝的房屋内部至少需要创造内部环境所必需的一些东西，如：屋顶、墙壁、地面等。当然，外部环境对人类来说是不可缺少的，必须设置窗户等开口部作为与外部相联系的过度功能。

以下，讨论建筑设计所必需的组成要素与环境之间的关系。

## 2.1 屋顶设计与环境

屋顶是建筑内部空间的一部分，其作用是把内部的上部空间与外部空间相分离。屋顶是决定建筑物设计的重要因素。其形式可以是平的、坡的、圆的。另外，同样是瓦屋面，根据其坡度，很容易分清它是日式屋顶还是中式屋顶（图2.1）。屋顶形式对并行街区和城市景观的作用非常大。

在这里需要弄清楚的问题是，屋顶为什么具有不同形式。建筑物的形态通常取决于其功能性、艺术性（审美观等）、结构的合理性。那么，屋顶的功能、气候、风土与建筑形态之间又是什么关系呢？

### 2.1.1 屋顶的功能
#### a. 守护内部空间的功能

屋顶的第一功能是防止雨、阳光直射、噪声、视线等建筑物外部因素对建筑物内部的影响。在寒冷地区，防止内部的热量向外部扩散，起着重要的隔热作用。屋顶的檐口向外伸展时，还可以起到保护外墙等作用。

屋顶还具有战时的特殊功能。二战时期，为了有效防止空袭，还专门研究屋顶的防空功能。

**图2.1** 日本与中国的屋顶形态比较
（a）日本：唐招提寺；（b）中国：福建泉州开眼寺大殿

#### b. 屋顶面的功能

屋顶坡度接近水平时，屋顶面具有类似于地面的功能。例如：在群居住宅，屋顶可作为儿童游乐场（图2.2）或者晒衣场所；在医院，屋顶可以用作患者的休息和运动场所；在百货店，屋顶可以用作娱乐场；在购物中心，屋顶可以用作停车场等。除此之外，屋顶上可以建造屋顶花园、放置空调设备。有时候，根据法律规定设置直升机停机坪。图2.3是汽车工厂屋顶上设置的环形试车车道。

图2.4是试图将屋顶作为具备各种生活功能的独特的创意。应客户的要求，在屋顶设计聚餐场所。利用现有条件，把屋顶布置为躺着也能将景色尽收眼底。每当在屋顶晾晒被子，就会想起躺在此处欣赏美好景色的情景。这是屋顶功能的新发现。

**图2.2** 屋顶儿童游乐场（maruseiyiyou, unidy. dabidaxion，设计：勒·柯布西耶，1947年、1952年，作图：柏原誉）

**图2.3** 汽车工厂厂房环形屋顶（米兰，1926～1924年）[5]

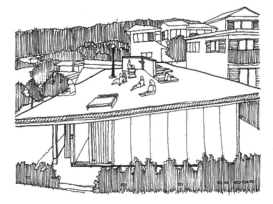

图 2.4 屋顶之家（设计：手塚贵晴、手塚由比，2001 年，作图：柏原誉）

#### c. 视觉性功能

外观上评价对建筑的印象，屋顶形态起着重要的作用。不仅是在外观，在内部空间设计上，关系也很密切。顶棚是室内空间沿高度方向的上限。通常我们所说的顶棚，是指区划室内各个空间所采用的吊顶。如果屋顶或者楼板没有进行装饰吊顶，也叫作顶棚。由于此时裸露的屋顶直接成为室内空间的上部，设计时，需要把外观和内观统一起来加以考虑。例如：哥特式建筑是人类创造的最优秀的建筑之一。走进室内，庄严高大的室内空间给予人们城市地标的外观印象。内部形态不仅强烈冲击视觉，由管风琴演奏的教堂音乐也是魅力无比（图 2.5）。古建筑设计都特别重视吊顶设计（图 2.6）。

传统的日本木结构住宅里，梁构件和屋架竖杆通常都直接裸露在外面。图 2.7 所示的古老民居是以里外敞亮为特点，展现动态的内部空间。

在瓦屋顶下，组成美丽的居家并行布局，创造出环境优美的内部空间。

丹下健三设计的国立屋内综合运动场（图 2.8），其设计思路来自日本传统建筑的屋顶。力求运用现代建筑手法展现日本传统建筑风采。他设计的屋顶形状充分展现内部空间的动态美，是一部优秀的建筑作品。

图 2.6 古典建筑顶棚设计（圣彼得大教堂），罗马，设计：贝尔尼尼，1638 年）

图 2.7 拥有动人小里屋的民居（高山市，吉岛家住宅）

图 2.5 具有乐器功能的教堂建筑（法国兰斯教堂）

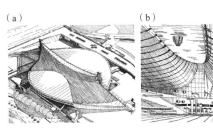

（a）　　　　　　　　　（b）

图 2.8 在内部空间中，充分反映屋顶形状的屋内体育场（国立屋内综合运动场，设计：丹下健三，1964 年，作图：柏原誉）
（a）鸟瞰；（b）内观

### 2.1.2 顶棚的功能

设置顶棚，内部空间就会分成顶棚以上和室内空间两部分。此时的顶棚具有以下两个功能。

#### a. 视觉性、音响性功能

从室内空间美观上看，顶棚具有隐藏背后小房间、楼板等功能。利用顶棚把梁等结构构件和空调管线等设备隔离开，使人们看不到。要求室内音响效果的建筑，可以利用顶棚反射或者吸收声音。[注1] 设计顶棚时，要从视觉和音响效果两方面考虑（图 2.9，剖面图参照图 2.106）。

图 2.9 音乐厅顶棚形态（柏林爱乐音乐厅，设计：汉斯·夏隆，1963 年）[1]

#### b. 隔热效果

由于顶棚里面是空气层，因此给室内带来隔热效果。当顶棚里面的空气层处于密闭状态，其隔热效果更好。但是，在屋顶里面冷却空气容易产生结露。[注2] 把顶棚用作隔热层时，在屋顶里侧进行适当的通风换气，可以防止结露现象。

如果房屋没有设置顶棚，则要求屋顶具备隔热功能。现代建筑可以使用各种隔热材料。而在茅草屋顶等古老民居，则覆盖厚厚的茅草以获得较好的隔热效果。

是否设置顶棚，是建筑规划的重要事项。无论在视觉上还是在设备规划和室内环境规划上，都是要进行研讨。还有，为了降低和控制层高，也有不采用顶棚的建筑设计，但是考虑到室内热环境，在房屋的最上层还是要设置顶棚。因此，房屋顶层的层高通常都要高。

### 2.1.3 气候、风土与屋顶的形态

思考屋顶的功能，气候、风土对屋顶形状的巨大影响比较容易理解。反过来，与风土无关的建筑屋顶设计，可以解释为该建筑设计没有考虑与环境共存的问题。以自然的恩惠和威胁为中心思想的环境规划，从今往后越来越显得重要。因此，很有必要了解和掌握气候、风土与屋顶形态的关系。

#### a. 雨量与屋顶

日本属于多雨气候。所以采用坡度大一些的屋顶形态是合理的选择。干旱的地域，可以采用接近平屋顶的屋顶形态（图 2.10）。

屋顶的防水性能，与降雨的方式、屋顶的排水坡度（为排雨水设置的屋顶坡度）、屋顶覆盖材料的防水性能、屋顶基层的处理方式等有关。降雨的方式，包括年降雨量、瞬间降雨的剧烈程度、降雨时风的强度等，都是决定屋顶防水方法的条件。雨水不仅垂直往下，遇到有风时，还会斜打到墙面上，通过墙壁进入室内（图 2.11）。加大房檐向外伸出，可以有效防止雨水通过墙壁进入室内。同样地处日本，在降雨条件更加严峻的地方，屋顶坡度更大，其房檐、外廊等要更大尺度地向

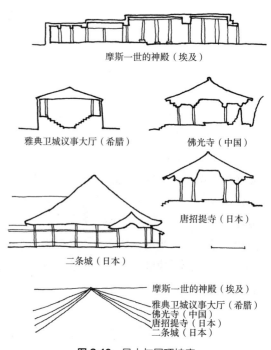

图 2.10 风土与屋顶坡度

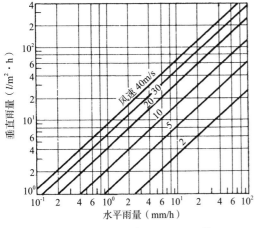

图 2.11 风速与水平降雨的关系[6]

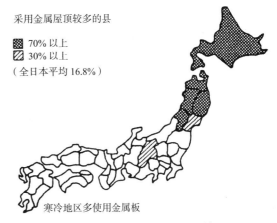

采用金属屋顶较多的县

▨ 70% 以上
▥ 30% 以上
（全日本平均 16.8%）

寒冷地区多使用金属板

图 2.12 风土与金属板屋顶[3]

外延伸。这种处理方式很有用，也不难理解。

传统的茅草屋顶通常都需要很大的坡度，而现代的房屋屋顶由于采用了沥青防水、套装防水、金属板防水等工业材料，屋顶坡度大大降低，可以做到 1/100 左右。

受到欧洲现代建筑的影响[注3]，日本的建筑设计采用平屋顶逐渐成为主角。不过，考虑到屋顶设计与气候条件的密切关系，采用平屋顶设计时还是要注意一些问题。例如：降雨量大的地区，防水层不能出现缝隙。想要保证防水层避免出现缝隙，需要设置钢筋混凝土等坚固的底层。木结构和钢结构房屋由于弯曲和变形较大，面对屋顶防水问题时，必须采取特殊的做法。

### b. 雪与屋顶

冬天下雪的地区，房屋屋顶除了防雨水以外，还要考虑积雪的问题。防止屋顶积雪有以下两种方法：第一种方法是加大屋顶坡度，使雪即时滑落，避免在屋顶堆积（强制落雪方法）。另一种方法是在昼夜温差不大的地区，考虑到雪较轻且不化，使雪飘落在平缓的屋顶，待刮风时被吹走或者放任其堆积一定厚度（自由落雪方法）。如果在这些地区采用不适当的屋顶坡度，有可能发生堆积到一定程度的雪块沿着屋面滑移造成屋顶表面的损坏。更有甚者，较大雪块落地产生的震动还会震坏窗户玻璃。最近开发出利用热融化雪排入内水管的融雪屋顶（融雪管屋顶）[注4]形式。

图 2.12 表示使用金属屋顶的日本县域分布。

由于寒冷积雪地区，瓦屋顶容易被积雪或者冰块压坏，故采用镀锌铁皮屋顶等的房屋比较多。

### c. 茅草屋顶

传统的茅草屋顶通常充当隔热作用，不设置顶棚也能达到冬暖夏凉的目的（图 2.13）。

那么，茅草屋顶的防水性能又如何呢？如图 2.14 所示，雨水越是流到屋顶下面，其水量就越多。图中的下端部分表示雨量多。雨量多，其渗透能力就越强。解决的办法自然是加大茅草屋顶长度，茅草屋顶越长（L），所需的茅草越厚（D）。茅草屋顶的厚重美也由此而来。这种美充分展现先人熟知风土的智慧，是非常合理的建筑设计。

茅草屋顶虽然可以防雨和隔热，但其防火和耐久性能差。普通的茅草屋顶，可以使用 20 年左右，其更换费用较高。

由于城市房屋林立，发生火灾时有可能波及一大片区域，所以屋顶材料必须使用不燃材料。

图 2.13 传统茅草屋顶（岐阜县白川乡）

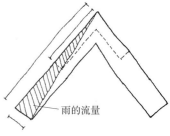

雨的流量

图 2.14 雨与茅草屋顶厚度的关系

#### d. 景观与屋顶

认为屋顶的形态决定街道的景观并不为过，也就是说景观与风土的关系密不可分。图2.15所示的独特景观，是巴基斯坦海得拉巴地区的房屋屋顶形态。这个突出屋顶的奇妙装置原来是捕风器（wind catcher）。利用这个装置把清爽的凉风引入室内，据称可以送到多层住宅的各个房间角落。

不管是在日本还是在其他国家，美丽的街景无一例外都与屋顶的形状、色彩、特色相协调有关，也呈现一定的规则性。房子的出入口位于山墙还是纵墙，可以说是房屋的最大特征（图2.16）。房子的出入口位于山墙，意味着通道与房屋屋脊平行。从歇山式屋顶、人字形屋顶的出入口可以看到人字形山墙。与此相反，当房子的出入口位于

纵墙，也就是说房子的出入口位于房屋的长方向时，其通道与房屋屋脊垂直。从结构上讲，缩短大梁的长度比较合理。房子的出入口位于山墙时，由于大梁与屋脊垂直，使得房屋的开间小而进深大。房子的出入口位于纵墙则正好与之相反。在京都、高山等地的传统并行街区，房屋大都采用出入口位于纵墙的形式（图2.17），而在篠山、出云崎等地，大多采用出入口位于山墙的形式（图2.18），表现出地域特征。德国的雷根斯堡等地是典型的山墙出入式并行街区（图2.19）。为何在

**图2.17** 纵墙开口出入式并行街区（中山道本山宿）[7]

**图2.18** 山墙开口出入式并行街区（新潟县，出云崎）
（a）鸟瞰；（b）并行街区景观

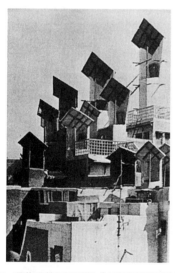

**图2.15** 吸收风的屋顶形状（巴基斯坦海得拉巴）[2]

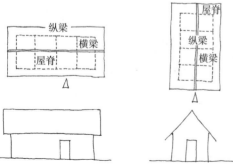

（a）纵墙开口出入式；（b）山墙开口出入式

**图2.16** 纵墙开口出入式山墙开口出入式

**图2.19** 德国的雷根斯堡山墙开口出入式并行街区
（摄影：吉村英祐）

各地出现不同的房屋出入形式？针对这个问题尽管众说纷纭，至今尚无定论。不过，位于丹后半岛的伊根町并行街区，却有明确的理由。该渔村位于大海和大山之间的狭长地带，各个渔家都可以把渔船放入自家的楼下而闻名。这种房屋在建造时考虑到渔船的大小形状，必然采用山墙出入式（图 2.20）。从海上观看，渔家景观颇具有特色 [图 2.21(a)]。但是，位于街道对面的山下一侧，由于没有足够的进深场地，房屋大都采用纵墙出入式（图 2.20）。沿着蜿蜒的马路行走，可以欣赏到大海一侧为山墙出入式而山下一侧为纵墙出入式的独特的并行街区景观 [图 2.21(b)]。

如今，依靠技术的进步，建造各式各样的建筑物成为现实。随之而来的是，与诸多风土和谐并存的美丽并行街区面临受到破坏和消失的危险。如何把先人经过长时间摸索建造的优秀文化遗产代代相传，是环境规划需要解决的很大的课题。

### 2.1.4 特殊屋顶

#### a. 屋顶绿化

在建筑物的顶部，利用坡屋顶或者在高楼顶部等进行绿化，我们称之为屋顶绿化。扎根在风土里的草屋顶、屋顶花园都属于屋顶绿化。近年来，屋顶绿化之所以受到瞩目，是因为它在降低城市热岛效应[注5]、缓解外部环境对室内环境的热辐射影响、减少热负荷节约能源等方面有较好的效果。

通过绿化，净化大气，重现野鸟驻留的自然环境，创造花草和树木环绕的人类生活环境。环境规划需要考虑这些复合性要素（图 2.22）。

为了使绿化更加有效，建筑设计必须解决以下重要问题：结构上的荷重增加，防止雨水渗漏的建筑材料和施工工艺，植被所需的剖面做法与构造，选择与气候、风土相适应的植被和树木等。总之，包括建筑屋顶的原有功能在内，需要综合考虑建筑设计。

#### b. 可开启屋顶

在建筑物的内部空间引进外部的自然环境，通常的做法是利用门窗或者墙壁上开口。屋顶采光方式对设计者来说不仅解决了采光问题，而且在空间利用上也可以获得很好的效果。如果是可

**图 2.20** 具有船屋的伊根町（山一侧为纵墙开口出入式，海一侧为山墙开口出入式）[9]

**图 2.21** 伊根町景观
（a）从海上眺望；（b）从街道眺望（山一侧的纵墙开口出入式和海一侧的山墙开口出入式）

**图 2.22** 具有各种功能的屋顶绿化（number parks，设计：大林组，2003 年）

开启式采光屋顶，还可以引入新鲜的外部空气，在春季和秋季或许能获得更加舒适的内部环境。近年来，这些构思在大型圆形体育场等体育设施设计中开始应用（图2.23）。遇到雨天则关闭，天气良好则开启，设备的运转效率得到提高，节约能源，可以培育天然草坪，是一个不错的想法。

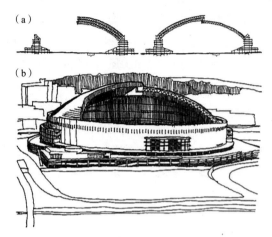

**图2.23** 可开启圆顶（福冈圆顶，设计:竹中工务店，作图:柏原誉）
（a）剖面图;（b）外观

但是，建造大型可移动屋顶需要较大的初期投资。保持室内的温湿度，需要投入能源成本，需要投入驱动设施资金。[注6] 设计可移动屋顶，不仅要核算设备运转成本，还要探讨原本在户外举行的体育运动搬到人工环境中的是非曲直。

#### c. 圆型建筑——屋顶、墙体的连续性

竖坑式民居、美洲印第安人的帐篷式民居（图2.24）、丹麦爱斯基摩人的冰穴民居等建筑，都没有刻意区分屋顶和墙壁。洞穴作为居所的原形，并没有划分屋顶、墙壁、地面。巴克明斯特·富勒[注7]，运用现代技术展现洞穴，设计出巨型球体膜结构建筑（图2.25）。他针对曼哈顿规划，提出采用塑料穹顶覆盖纽约街区，使街区自行调节气候变化（图2.26）。建设巨型人工环境是人类的梦想之一，该梦想与重视自然环境的现代是否有矛盾，尚待研究讨论。不过人类注定要进入宇宙时代，建设各种生产生活设施是必不可少的，巨型人工环境或许自有它的用处。

**图2.24** 美洲印第安人的帐篷式民居[8]

**图2.25** 圆顶建筑（网格圆顶，设计：巴克明斯特·富勒）[11]

**图2.26** 曼哈顿规划中的塑料穹顶（设计：巴克明斯特·富勒）[10]

### 2.1.5 屋顶的缺陷与对策

屋顶具有许多功能，设计必须充分反映这些功能。其中最重要的一点就是，屋顶设计是否与当地风土相适应而体现其合理性。工业技术的发展带来各种性能优异的材料和施工工艺。空间技术的进步使得建设舒适的人工环境成为现实。由

此产生许多欠缺风土性的屋顶设计。仅凭借技术的力量，不大思考气候、风土的设计，会产生诸多缺陷。

### a. 漏雨

在日本，房屋出现最多的问题就是漏雨。漏雨有时在房屋竣工不久发生，多数则是因为屋顶材料长年累月、年久失修而造成。屋顶漏雨不仅丧失建筑功能，也会影响建筑物的寿命。

防止屋顶漏雨，需要采用耐水性、防水性、耐久性好的屋顶材料，必须满足结构材料的变形，采取适当的屋面坡度，避免在屋顶出现凹陷。尤其在材料的选择、构造做法、施工工艺上，充分考虑随时间的耐久性。此外，位于内陆的房屋屋顶，要定期检查排水管是否被落叶、灰尘堵塞，发现问题应及时维修。

### b. 隔热性能

隔热性能差的屋顶会消耗更多能源，使运行成本增加。现代建筑利用玻璃屋顶、天窗（参照2.3节），把外部的自然光引入室内，创造舒适的内部空间。但是，考虑到日本的气候、风土，这些设计方法在防雨和提高隔热性能方面带来很多问题，必须采取有效措施。简单地照抄照搬，容易引起漏雨、结露、浪费能源等问题。总之，这是现代社会的大问题。应该站在地球环境、能源和资源的高度重新认识和对待。

### 参考文献

1） Henri Stierlin：Encyclopaedia of World Architecture2，Office du Livre，1977
2） B．ルドルフスキー著，渡辺武信訳：建築家なしの建築，鹿島出版会，1984
3） 鈴木成文：住まいを読む，建築思潮社，1999
4） domus，No.875，2004
5） domus，Ferrari 2004 パンフレット
6） 日本建築学会編：建築設計資料集成1「環境」，丸善，1978
7） 小林昌人：民家の風貌，相模書房，1994
8） 仙波喜代子編：小屋の力，ワールドフォトプレス，2001
9） 建築文化，Vol.151，No.596，1996
10） 都市デザイン研究体：現代の都市デザイン，彰国社，1969
11） 日本建築学会編：近代建築史図集，彰国社，1966

注 1　吸声：声波在媒介中传播或者达到媒介的某界面时，通过若干变换机体，声音能量的一部分转变为另一种能量的现象。

注 2　结露：当墙壁、顶棚、地面或者内部温度降到冰点以下时，在建筑材料表面结冰的现象。

注 3　现代建筑设计：以产业革命为契机，以欧洲为中心的建筑设计，发生了很大的变化。在此情形下，德国的 W·格罗皮乌斯于 1925 年提出了国际样式，旨在超越个人和地域的特殊性，把建筑导向世界范围共有。其特色有以下三点：一是忽视装饰性，二是在对称和平衡中更加重视平衡，三是在数量与空间中更加重视空间感觉。他的倡议对现代建筑的走向产生了巨大影响。

注 4　雪檐沟屋顶：这是在北海道开发出来的一种屋顶形式。其原理是：檐沟通向室内，利用室内温度溶化冰雪，避免在屋顶积雪。这种屋顶解决屋顶积雪很有效，但枯叶、灰尘等堵塞内檐沟造成屋顶漏雨。及时清扫檐沟很重要。

注 5　热岛效应：也称作热岛，是指覆盖城市地域的高温大气。城市中心和郊区的温度相差 5 ~ 6℃，整个城市上空好似顶着热帽子，其原因是：燃料消费产生人工热量，大气污染产生温室气体，城市里的混凝土和沥青路面白天大量吸收热量后在夜里释放，城市中心高楼林立导致通风不畅等。

注 6　运行成本：建筑物、设备等的维护管理和运营所需费用。

注 7　巴克明斯特·富勒（1895 ~ 1983 年）：美国结构工程师，于 1927 年提倡 Dymaxion（以最小的能源消费取得最大效果的若干单词组合）计划，投入住宅、汽车设计。利用四面体和八面体的组合，设计出造价低廉、施工快速的建筑大空间：网格穹顶。包括其著作《宇宙飞船地球号》在内，对地球环境事业提出了很多建议。

## 2.2 墙体设计与环境

墙壁通常指用于区分建筑物内外、建筑物内部空间划分的接近垂直的结构物体。屋顶、地面、顶棚等也用作划分空间，考虑到人在移动的时候，往往是以视线的水平方向为主。因此，如何布置墙壁，在设计初期的平面布置阶段显得特别重要。

### 2.2.1 墙体的分类

从切割空间的角度，墙体可以分为：将外部空间一分为二的"外部墙体"，划分内外空间的"房屋周边墙体"，将内部空间一分为二的"隔间墙体"等。在共同住宅中，划分两个住户之间的"隔间墙体"称作户界墙体或者边界墙体（图2.27）。

此外，针对单片墙体，面向外部空间的墙体叫作外墙，面向内部空间的墙体叫作内墙。

针对墙体所处的位置，也有不同的分类。例如：窗台下部的墙体叫作腰间墙，窗口上部的墙体叫作小墙等。还有在开口部周围，开口部上部墙体叫作下垂墙，侧部墙体叫作垣墙等。

### 2.2.2 墙体的功能与种类
#### a. 墙体的功能

墙体可以阻断或者反射诸如声音、热量、风、雨等各种环境因子。利用墙体可以制造所需的内部空间。

例如：房屋外墙的主要功能是：阻断风雨、外部光和热、声音、异味、火灾等进入室内。除了上述物理性环境因子功能以外，外墙还具有阻断外部视线和保护内部的私密性，阻断外部不好的

（a）外部墙　（b）房屋四周墙　　（c）房屋内隔墙

**图2.27　墙体分类**
（a）外部墙；（b）房屋四周墙；（c）房屋内隔墙

景色，防止小偷进入等社会性因子功能。另一方面，外墙还可以阻止内部产生的声音、光、热、异味、火灾等移出室外。有一个特殊的例子：公安局拘留室墙体的重要作用之一就是防止犯人外逃。

内部隔墙与外墙一样，具有阻断物理性、社会性环境因子的功能。除此之外，根据内部空间用途，要求具备以下功能：

①防火墙：为了防止发生火灾时的火势蔓延，房屋内部需要设置防火分区。形成防火分区的墙体要求具备很高的耐火性能；

②防烟墙：设置防烟下垂墙，防止烟雾沿着顶棚扩散；

③隔声墙：录音室四周，通常采用两层墙体，提高隔声效果；

④吸声墙：在音乐厅，为了防止声音的回声，设置墙面凹凸不平的墙体；

⑤隔热墙：冷冻室墙体以阻断外部温热环境为目的，通常采用隔热性能好的材料。抵御寒冷的墙体同属于隔热墙；

⑥防水墙：防水要求高的地下室，通常采用防水墙；

⑦防辐射墙：X射线室等有辐射源的房间四周，需要设置防辐射墙；

⑧蓄热墙：是指太阳能热处理等需要长时间的大容量蓄热池墙体；

⑨采光墙：像玻璃块一样允许透光，但不允许其他环境因子进入的墙体；

⑩收存墙：集内部隔墙和收存墙功能为一体的墙体。

#### b. 仓库墙体

正仓院的校仓（图2.28），其外墙由水平放置的木材组成，是具有圆木房屋风格的仓库。这种外墙的特点是，干燥时木材收缩导致墙体出现缝隙而达到通风效果，湿度高时木材膨胀导致墙体密闭。这是1300年前的先人利用自然的力量使贵重的物品保持适当温湿环境的智慧体现。现在常用的钢筋混凝土结构无法满足这样的内部环境要求。美术馆、博物馆等建筑物通常采取使用木材在房子内部再建造子房屋的方法（图2.29），利用

图 2.28　正仓院的校仓
（a）远景；（b）近景

**图 2.29**　博物馆仓库（大和文化馆，设计：吉田五十八）[3]

混凝土墙体与木结构墙体之间设置空气流动层来满足内部温湿环境要求。

### c. 可移动墙体

墙体通常采用固定式，有时为了满足不同需求，墙体采取可移动式。例如：美术馆的展示墙通常都是根据不同的展示内容移动墙体的位置。图 2.30 表示可回转式墙体。可移动墙体开口部的门、拉门、旋转窗户、上下窗，从原理上不好区分。通常需要注意的问题是，与固定式墙体作比较，保持气密性方面较为困难。设计可旋转式墙体时，要充分探讨使用场地的水、声音、热、烟雾等的阻断性能。酒店宴会厅经常使用的可移动式隔墙，

**图 2.30**　美术馆可旋转式墙体（群马县立近代美术馆，设计：矶崎新，1974 年）
（a）关闭时的墙体；（b）旋转时的墙体；（c）站在展示室看到的情形

由于无法较好地阻断隔壁房间的声音而犯愁。

### d. 承重墙体与非承重墙体

除了上述具有各种功能的墙体以外，还有支撑建筑物的承重墙（轴压墙）和抵抗风、地震等水平力的剪力墙。这些承重墙和剪力墙是房屋结构所需的墙体。欧洲常见的使用砖石砌筑的建筑墙体，基本都是承重墙。日本的木结构建筑采用组装式墙体，大多属于非承重墙体。建筑物的四周墙体多数采用工业化生产的非承重墙板。现代建筑的外墙设计都以采用非承重板墙为主。

### e. 视野与墙体高度

人类的视线基本上处在水平线。图 2.31 表示人的视野呈 60° 角时的情况。人使用这个角度范围观察建筑物时，根据墙体在视野范围所占的面积大小判断其开阔程度。例如：站在距建筑物高度（$H$）2 倍的广场位置观察建筑物时，视野范围内墙体所占据的比例高，人就会感觉到广场被建筑物围起来（图 2.32）。如果再拉大距离，逐渐感觉广场更加宽阔。这个法则在内部空间同样适用。顶棚的面积占据视野的范围越多，人就会越感到压迫感。当墙体的高度超过人的视野范围时，从视觉上讲，空间已经被分割。利用这个原理，在大房间把超出视野范围高度的墙体做成可移动式墙体，把空间分隔成若干小房间。只要在声音、温热环境上没有问题，针对内部功能改变房屋布局是非常行之有效的方法。

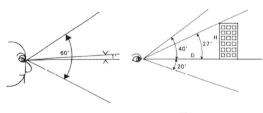

**图 2.31**　人类的视线[7]

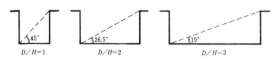

**图 2.32**　广场上观测的距建筑物的距离和建筑物高度的关系[2]

最近，在办公场所盛行使用矮式分割墙体。这种空间处理方法使人坐在椅子上工作时就处于被包围状态，站立时视野顿时宽敞（矮式分割墙，图2.33）。这是兼顾私密性与职场交流相结合的布置方式。

内部空间中的墙体高度有以下三种：比顶棚低的墙体，直到顶棚的墙体，直到上层楼板底的墙体（图2.34）。三种墙体的功能用表2.1表示。视觉性功能随着人类的姿势即坐势、立势、卧势而存在差异。在集合式住宅，为了防止火灾或者有毒气体的蔓延，住户之间的分户墙体通常都是采取直到上层楼板底的做法。

### f. 信息传达功能

有关视野法则对建筑立面的形象设计很重要。墙面的造型与色彩对人的心理影响很大。可视觉范围取决于与目标物之间的距离（视觉确认距离）。美术馆的绘画展示、学校教室里的挂黑板、屏幕设置等都需要墙壁。不仅是建筑内墙，建筑外墙壁也具有传达信息的功能。墨西哥建筑师奥格尔曼设计的墨西哥大学建筑壁画象征教育与文化，

**图 2.33** 矮式分割墙体

展现近代主义和民族主义相融合的独特建筑（图2.35）。图2.36所示的栃木县立美术馆利用镜面反射玻璃，将地面的榆树写入玻璃墙体中，体现更加注重环境的设计手法。最近，经常看见众多商业建筑都在利用墙面设计传达商品形象（图2.37）。

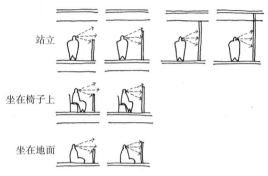

**图 2.34** 内部空间中的墙体高度

**图 2.35** 墙面绘画（墨西哥大学中央图书馆，设计：奥格尔曼，1958年）[8]

| 墙体高度与性能 | | | | | 表2.1 |
|---|---|---|---|---|---|
| 墙体高度 ＼ 原因 | | 阻断视线 | 隔声 | 阻断室温 | 阻断火灾、烟雾、气体等 |
| 比顶棚低的墙体 | 高于视线 | ○ | × | × | × |
| | 低于视线 | × | × | × | × |
| 直到顶棚的墙体 | | ○ | △ | △ | × |
| 直到上层楼板的墙体 | | ○ | ○ | ○ | ○ |

○好　△有问题　×不好

图 2.36　映入树木的镜面反射玻璃（栃木县立美术馆，设计：川崎清，1972 年）

图 2.38　"图纸"与"土地"[1]

图 2.37　担当商品广告的墙体（路易·威顿六本木希尔兹分店，设计：青木淳、埃里克·卡尔逊、奥雷里奥·戈雷门蒂，2003 年，摄影：吉村英祐）

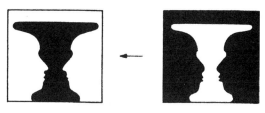

图 2.39　与外部空间完美协调的内部空间规划（没有正面的居家，西宫市，设计：坂仓建筑研究所，1962 年）

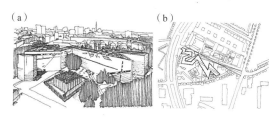

图 2.40　建筑设计躲开原有树木（柏林，犹太人博物馆，设计：里贝斯金德，1998 年，作图：柏原誉）
（a）外观；（b）平面布置图

### g. 使"土地"更加生动起来的墙体

在创建建筑空间的时候，墙体的作用就是把内部空间与外部空间隔离开。创建内部空间是建筑设计的主要目的。同时，如何设计被隔离开的外部空间是环境规划的重要内容。图 2.38 表示形态心理学有关"图纸"与"土地"的关系。建筑设计很自然地把建筑物当作"图纸"，把"土地"当作外部空间。需要注意的是，不能把"土地"简单认为是"残余空间"。优秀的设计应该是，通过建筑物的存在，把周围外部空间提升到具有与内部空间同样魅力的层面上。也就是说，设计内部空间时必须同时考虑外部空间设计。图 2.39 是庭院式住宅平面图，可以看出建筑物与内庭院的设计非常融洽。

更有甚者，开始建筑设计之前，首先考虑保留原有树木等外部环境因素，充分考虑外部空间设计事项。图 2.40 是里贝斯金德设计的柏林犹太人博物馆。建筑物设计巧妙地躲开原有树木，使得建筑物的内部与外部空间完美结合在一起。

### h. 复合功能

墙体设计中必须引起重视的问题是，墙体绝不是单一功能体，而是具有构造上的，控制声音、传热等物理性环境因素的，控制人类心理和行为的复合性功能。优秀的设计必须时刻记住：墙休在自然中可以是任意切割，可以是带有象征性的空间切割，也可以是拥有传播信息等。一片墙体拥有多种不同功能。

### 2.2.3　气候、风土与墙体

为人类提供隐蔽场所是建筑物的主要功能。墙体的形态与屋顶一样，受气候、风土的影响很大。

吉田兼好[注1]在《徒然草》一书中有如下描述："居家设计理应以夏天为主，在冬天总是有办法对付。夏季闷热的居住环境最难抵挡。"日本的夏天多处于高温多湿气候，很难在通风不好的居家居住与生活。因此，在日本设计房屋大多关心门窗、开口部的处理，而对墙体的关注度较低。这是近代以前，以京都为中心的日本文化的思考方式。到了现代，其思考方式却变成把全日本从北海道到冲绳作为同一个风土对待，问题也就出在这里。

传统的木结构房屋大多是以梁柱组成的框架结构，柱子之间都是敞开的，根据需要利用推拉门进行分割，房屋内部的墙体较少（图2.41）。这种分割方式在冬天由于风比较容易经过缝隙进入屋内，使人感到寒冷。但是到了夏天，由于推拉门可以开启，内部与外部成为一体，有利于通风，可以承受闷热的夏季气候。

另一方面，欧洲的风土与日本正好相反，夏季虽然也很热，但是由于其湿度低，总的来讲比较容易度过。欧洲建筑大多是砖混结构，墙体较多，门窗较小。这种室内环境是比较合理的形态。这种形态不仅适应气候条件，而且在经常发生种族侵略的地域，采用小窗、小型开口部和较厚的墙体对抵御外敌的侵略很有效。于是产生了内庭院式建筑，这种建筑面向街道的出入口比较小，四周采用坚实的墙体围住（图2.42）。

在工业技术尚未发达的时代，建筑形态大多迎合气候、风土以及地域的社会状况，体现了人类与自然环境共存的智慧和功夫。

**图 2.41** 开放性木框架结构（京都，诗仙堂）

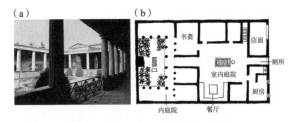

**图 2.42** 庭院式住宅（意大利，潘菲利，公元前 400 年前后）
（a）内庭院[4]；（b）平面图

到了现代，随着科学技术的进步，涌现了大量的工业化生产的建筑材料和设备，作为人工环境的建筑内部环境设计，控制起来显得比较容易。于是无论在世界何处，建筑设计的风土性不再是问题，建筑设计优先考虑造型、奇特、有趣，把建筑作为传播信息的媒体。其结果是，建筑外立面设计变得世界通用，写字楼等建筑大多采用隔热效果差的玻璃幕墙，固定式不通风窗户设计成为主流设计。

考虑到墙体固有的隔热性能，现代的外立面设计是否符合气候条件，是否合理，渐渐成为讨论的焦点。面对地球环境问题、能源和资源问题，建筑设计在考虑墙体时应当结合风土，学习先人重视与自然共存的智慧。

### 2.2.4 墙体的材料与性能
#### a. 墙体组成材料

墙体是由支撑墙体自身的部分、直接面对空间的装饰部分、夹在里面的底子三个部分组成。当然还有混凝土墙壁等把三个部分浇筑成一体的情形以及底子分为若干层的情况。

#### b. 墙体的性能

在规划中侧重考虑的墙体性能有防水性、隔热性、隔声性、抗冲击性、耐火性等。根据使用部位的不同，对墙体性能的要求和等级也不同。首先，对处于风吹雨淋的外墙，要求具有上述墙体的所有性能。对降雨量多的日本，尤其要求墙体具备耐水性和防水性，而且要求其性能保持较长时间，不能有较大的变化。最新开发出来的工业制品如果没有长期的使用资料，采用时应当慎重对待。与耐久性一样，不易被污染的材料、容易清洗的材料、不容易看清被污染的材料等，需要选择的事项很多。常用的传统材料经历过长时期的风雪考验。凭借这一点，其材料的可信度高。

孔隙越多的材料，其隔热性能越高。这是基于空气热传导率小的原理得出的。隔热材料大体上分为纤维类、粉末类、多孔类。另外，隔热材料的强度很低，只能承受自身重量，设计时应避免对隔热材料施加重量的做法。利用空气热传导率低的特点，有的设计采用设置空气层提高隔热效果的方法。在屋顶设置顶棚，顶棚里侧预留空气层提高隔热效果的方法就是其典型案例之一。近年来，设置双层玻璃幕墙，在其中间形成空气层以达到节能效果的设计方法也经常被采用（参照4.3节）。

材料的隔声性能与材料的重量和墙体厚度有关。也就是说，材料越重，墙体厚度越厚，其隔声性能越好。从这一点上看，砖混结构的隔声性能比木结构好。

墙体的声音反射性能对室内设计很重要。通常采用的砖混结构、混凝土等都是坚硬的墙体材料，其声音的反射、回响较大。欧洲的宗教音乐和交响乐等源于石头文化，都重视回声效果。另一方面，源于木头文化的"邦乐"大都回避回声。这是设计音乐大堂和能乐堂时必须掌握的要点。

欧洲建筑中常见的室内墙体上所挂的纤维织物，是为了柔和砖混住宅的室内回声，也作为柔和视觉的装饰使用。

### c. 玻璃幕墙

现代建筑的外墙多采用玻璃。框架结构[注2]的柱子之间设置玻璃的情况不多，多数采用玻璃幕墙。尽管玻璃的隔热性、隔声性、耐冲击性、耐火性等都较差，但是多数建筑物都使用它，这是为什么呢？在调查写字楼的情况时发现，采用玻璃幕墙采光效果好，可以做到大进深、宽阔的办公环境；外观上可以产生锐利、近代形象；由于是工业制品，施工简便，可缩短工期，经济合理。玻璃的透光性可以使大楼在夜间表演灯火辉煌，可以展现现代城市的魅力夜景（图2.43）。

如今是保护地球环境的时代，如何克服玻璃

的缺点，充分发挥其优点，是建筑设计面临的重要课题。利用双层玻璃幕墙的空气层提高其隔热效果的方法和有效利用空心玻璃等半透光性材料的方法，都是较好的可选项。

**图2.43** 城市夜景

### d. 房屋分隔墙和室内隔墙的性能

房屋分隔墙容易发生的问题是隔声性。集合式住宅的分户墙和宾馆客房之间的分隔墙需要解决的首要问题就是隔声。

不同国家的人对声音的感觉并不相同。日本木结构房屋的隔声性能不如欧洲的砖混结构。以往的日本旅馆都是使用隔扇分割客房，客人入住以后尽量不出声音或者听见声音也装作没听见，体现出一种文化性背景和风格。为了保护私密性，在高级旅馆采取套房形式，套房中只允许投宿一组，或者拉大套房之间的距离等方法（图2.44）。这些过去的案例告诫我们，建筑设计必须充分了解该地区的文化性背景和目标使用者。

**图2.44** 高档旅馆的私密性保护（都旅馆佳水园，设计：村野藤吾）[6]

浴室、洗涤间、厨房等处的内隔墙要求耐

水性。选择材料应当考虑这些室内空间的特性。最近特别成问题的是，墙体装饰材料散发甲醛等化学物质，引发刺激性装修综合症。[注3] 伴随科学进步生产出来的新型建筑材料做梦也没有想到会产生如此深刻的问题。在选择工业制品作为建筑材料的时候，设计师除了考虑材料的性能要求、设计意向、经济性以外，还要从环境规划观点出发，认真研讨所选材料对人体的化学性影响。

### 2.2.5 墙面绿化

被爬山虎覆盖的甲子园棒球场，被常春藤缠绕的小教堂等，自古以来就有外墙面由植物包裹起来的浪漫情景。因此，近年来"墙体绿化"备受各界瞩目。已经明确认为，墙体绿化对缓解热岛效应、吸收辐射热、大气净化、应对地球环境问题、节约能源等方面，具有较好的效果。不过，与屋顶绿化相比较，其效果不太明显。由于植物是活物，采用时必须充分了解植物的特性。过于简单的选择方式不仅不会得到预期效果，而且也无法体现设计意图。特别要强调的是，植物栽培以后，需要浇水等维护管理费用。所以，需要经过充分讨论研究进行慎重选择。

## 参 考 文 献

1） 冈田光正ほか：建築計画 1（新版），鹿島出版会，2002

2） 冈田光正：空間デザインの原点，理工学社，1993

3） 冈田光正ほか：建築計画 2（新版），鹿島出版会，2003

4） Alfonso de Franciscis：ポンペイ, Interdipress，1972

5） a＋u，No.339，1998

6） 川道麟太郎：雁行形の美学，彰国社，2001

7） 芦原義信：外部空間の設計，彰国社，1975

8） 日本建築学会編：近代建築史図集，彰国社，1966

**注1** 吉田兼好：镰仓末期的和歌作家，除《徒然草》以外，还有《自撰家集》。

**注2** 框架结构：构件在各个节点均形成刚接的结构。表现为由抗弯构件、抗压构件、抗拉构件组成的力学形式。

**注3** 刺激性装修综合症：参照 6.2 节。

## 2.3　窗、开口部的设计与环境

窗户是为了采光和通风，在墙壁或者屋顶设置的开口部的总称。为出入房间设置的开口部，也具有采光和通风功能。窗户也能出入，故明确区分窗户和开口部有时也比较困难。窗户和开口部的形状和布置对内部空间的环境规划和建筑设计的表现，都是很重要的因素。

### 2.3.1　窗的功能
窗的功能大体上有以下五种：

①具有通风、换气、排烟功能；
②具有采光功能；
③从房屋内外可以相互眺望；
④可以作为出入口使用；
⑤可以向外部传达内部情形。

#### a. 通风、换气、排烟
这些功能与空气的特性相关。

1）通风：正如英语单词 window 表示"风之眼睛"，可以说通风是窗的第一功能。日本属于夏季炎热的国家，通风是建筑设计必须首先考虑的因素。如何布置窗，对通风很重要。日本传统木结构建筑属于梁与柱子组成的框架结构，窗户和开口部的设置相对自由，可以做到符合风土特点的、合理的形态。

另一方面从历史上看，欧洲的建筑多数采用砖混结构，窗户和开口部的尺寸都较小。从结构上如何实现较大尺寸窗户成了建筑技术者的研究课题。近代以后，钢结构和钢筋混凝土结构应用到框架结构中，使得现代建筑从墙体的依赖中解脱出来，实现了窗户和开口部的自由设置。

不过，近年来，随着空调和人工照明技术的进步，人工调节温湿度成为现实，在建筑设计中窗户的重要性呈下降趋势。即便是采用玻璃窗户，也都做成封闭式，拒绝自然风的流入。为了享受四季的气息和清新的微风，达到节约能源的目的，必须把握该地域风的动向并且把它应用到设计中。

写字楼的设计，普遍都采用全玻璃幕墙和封闭式窗户，均使用空调创造舒适的办公空间环境。设想一下，发生地震造成长时间的停电，将会是什么样的结果。如果是夏季，就会变成难以抵挡闷热的空间。建筑设计理应避免造型第一、环境欠考虑的思维模式。

图 2.45 是昭和 30 年至昭和 40 年间大量建设的集合式单元住宅的窗户开闭状态调查结果。[1] 单元式住宅南北向可以设置窗户，容易做到采光和通风，住户的私密性也可以得到保证，具有较高的居住性。通廊式住宅虽然一侧（南侧或者北侧）可以设置窗户，但是考虑到行人在走廊中的通行，难以做到开启窗户，通风条件也较差。窗户的开启与封闭不仅考虑生活上的有效性，还要考虑生活的私密性是否得到保障。这一点很重要。

此外，一定要熟悉该地域的风向。图 2.46 表示东京与大阪的常年主风向。东京的主风向是南风，而大阪是西风。必须把握住宅等的窗户设计在不同地域的不同变化。

2）换气：换气是指用外部空气替换建筑物室内空气。室内空气由于受到人类活动、燃料使用等的影响，会变得污浊、变味。最近成为社会焦点话题的刺激性装修综合症，就是在内装修和家

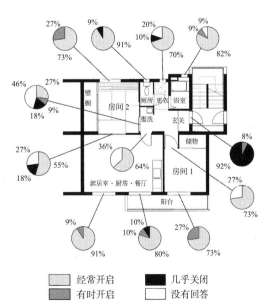

**图 2.45**　集合式单元住宅窗户开闭状态
（夏季炎热天，千里新城，新千里东町）[1]

经常开启　　几乎关闭
有时开启　　没有回答

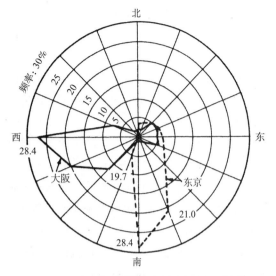

**图 2.46** 东京与大阪的风向图（8月14日）[6]

具等中使用的新型建筑材料引起的有害物质对人体产生伤害的结果。换气的目的就是改善这些污浊的室内空气环境，为人类的活动和保护建筑物、物品提供合适的条件。

换气的方法有自然换气和机械换气。自然换气是指利用室内外空气压力差进行换气的方式，也称为通风。开启窗户是进行通风的最有效的方式，换气量与风速成正比，开口部的面积越大，其换气量就越多（参照8.4节）。

机械换气通常采用送风机和风扇，与自然换气相比，可以控制换气量和室内空气压力。机械换气需要投入设备的初期投资（基本建设投资）和维护管理费用，以及能源费用（运转成本）等。另外，机械设备在建筑物内外产生噪声。

如果在夜间或者周末关闭电源，由于没有合适的通风条件，写字楼的室内空间将会被污浊的空气弥漫。导致上早班的员工吸入污浊的空气而发生刺激性大楼综合症（SBS: Sick Building Syndrome）。

1991年以来，丹佛的过敏症与呼吸研究所进行的一项调查表明，在被调查的大楼中，有75%的被调查者认为通风问题比装修构造问题要大[2]，一时成为美国当时的热门话题。由霉菌引起的回乡军人病也是刺激性大楼综合症的一种。因为老化的大楼通风管道，细菌可以繁殖。这些大量繁

殖的细菌，通过空调出风口向室内扩散。今后的日本同样面临办公楼的大量设备老化问题，值得引起注意。

一定要认清先进的机械换气也存在陷阱。只要充分理解空气的物理特性，即便是原始的方法，也应该首先研讨依靠自然的力量进行换气的方法。

3）排烟：排烟通常指把里面的烟雾向外排出。在建筑中，特别指发生火灾时向外排出的烟气。近年来，在内装饰材料中经常使用化学制品，一旦发生火灾，产生大量有毒气体，使人中毒甚至死亡的案例就会逐渐增多。不仅是内装材料，家具、百货店等商业设施发生火灾时，也经常产生由商品燃烧引起的有毒气体。发生火灾时，设法尽快排烟是防灾设计的重要环节。排烟的方法和换气一样，有自然排烟和机械排烟。考虑到平常兼做通风和采光以及机械设备的投资成本，尽量选择自然排烟方式，迫不得已的情况下可以选择机械排烟。自然排烟要求合理的窗户布置和开口方式。在进行平面和剖面规划时，需要一并考虑排烟问题（图2.47）。

**b. 采光**

采光是指在室内或者中庭引入白天的自然光（日光），形成容易分辨物体的空间或者形成明亮的氛围。与人工合成的光源相比较，可谓是自然照明或者日光照明。太阳是自然光的源泉，是巨大的自然能源。太阳光线中包含的紫外线，适当时对人体有益，过量时对人体造成白内障、皮炎

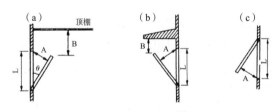

**图 2.47** 排烟窗[17]

（a）上内开窗（有效开口高度 A=L sin θ。但是 B 应为有效排烟高度以内且大于 L sin θ。如果 B 小于 L sin θ，则取 B 的高度为有效开口高度）；

（b）上外开窗（有效开口高度 A=L sin θ。但是如果 B 小于 L sin θ，则取 B 的高度为有效开口高度）

（c）下外开窗（有效开口高度 A=L sin θ）

等危害。还有紫外线经过化学作用后，引发对装饰物品和家具的褪色。采光必然产生热量，有利于冬季的房间取暖，但是到了夏季反而影响房间的舒适度。太阳光对人类既有巨大的功劳，同时也会带来伤害。所以，如何恰到好处地利用，成为建筑设计的关键技术。

太阳光随地域、季节、时间、气候的变化，是其最大的特点。工厂等建筑要求照明条件在时间上保持稳定、在空间上保持均衡，故不适合直接利用太阳光，需要使用人工照明。不过，需要强调的是，人类是依据太阳光的条件进化而来的，人类的生活充分反映太阳光的节奏，从生理上也是顺应太阳光形成生物时钟，较好地适应环境。本质上，人类的生活与太阳光密不可分。太阳光从窗户射进室内，意味着与外部自然的接触。太阳光不仅带来光明，也可以使人类眺望远处和知晓气候变化。而且利用太阳光正确分辨色彩斑斓的物体颜色。环境的亮度随外部自然状况而发生变化，促使人类的单调感和疲惫感得到缓解，生活和工作得以延续。

采光对人类是最基本的要素，建筑基准法对人类常住房间的窗户大小制定最小标准。[注1] 在这里需要引起注意的是，建筑的使用并不是固定不变的，以后的用途有可能发生变化。例如：经常遇到办公楼改变为公寓的情形，此时会发生采光面积不够的问题。因此，建筑设计在结构荷载、层高、开口部面积等问题的处理上必须留有足够的回旋余地。

白天的房间亮度，与窗户大小、顶棚的高度、窗户的设置（条形纵窗还是横向长窗）、条状分割还是通长等有关。应当选择可利用自然光的生活和工作，避免大进深房间设计。

大正时期的办公楼，大多采用自然通风和采光为主的设计，均设置中庭，房间的进深都比较小（图2.48）。

采光的方式有，利用墙体侧窗的侧光、利用屋顶窗面的顶光、利用屋顶上部设置的天窗侧窗的侧顶光三种形式（图2.49）。

侧窗采光是最常用的一种，比较容易防雨，

施工也比较方便。不同的开口位置，使内部空间展现不同的采光效果（图2.50）。

屋顶采光随开口面积的大小，其采光数量变化很大，从屋顶上方射进来的光线在室内形成较为强烈的动感。建筑师通常利用这个特点，展现空间设计手法（图2.51）。但是，窗户的隔热效果较差，夏季较大的温差使得室内温度较快上升或者冬季室内温度的下降，都与窗户有关。窗户会使内部空间的温热环境恶化。如果对房屋结露和防水措施不当，容易使房屋成为缺陷建筑。这一点，设计师在设计房屋时必须充分意识到。

天窗侧窗采光，多使用在工业建筑采光。图2.52是勒·柯布西耶规划的医院病床采光方案，利用侧顶光进行间接采光。这种采光方式对患者是否妥当尚存疑问，但是其采光的方式却很有趣。

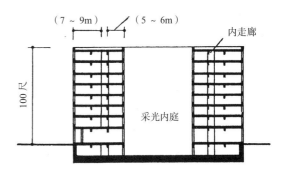

**图2.48** 以通风、采光为主的大正时期的办公楼[10]

侧窗采光　　　屋顶采光　　　屋顶天窗侧采光

**图2.49** 采光方式

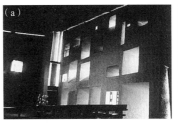

**图2.50** 侧窗采光
（a）朗香教堂（b）la·du-let（设计：勒·柯布西耶）

图 2.51 屋顶采光（la·du-let，设计：勒·柯布西耶）

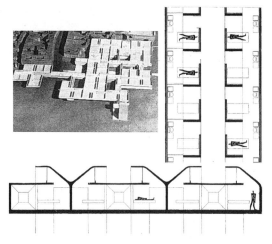

图 2.52 威尼斯天窗侧窗病房规划（设计：勒·柯布西耶，1964 年）[15]

图 2.53 摄入水面反射光（MIT 的小教堂，设计：埃罗·沙里宁，1955 年）[18]

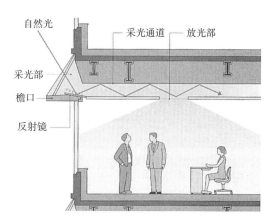

自然光　采光通道　放光部
采光部
檐口
反射镜

图 2.54 利用反射镜摄取光（采光通道案例）[19]

美术馆、博物馆等建筑多要求摄入自然光，因而多使用天窗侧窗采光，日本则以北侧采光为设计原则。

除此之外，作为特殊的采光方法还有，利用地面和水面的反射光射入的底光（图 2.53）方式，在地下室、大进深建筑物中央部位等难以直接射入太阳光的地方采用反射镜采光方式，利用采光通道（图 2.54）或者光导纤维等的采光方式。

### c. 眺望

有时候，透过窗户欣赏外面的风景变化，可以获得很大的安逸。相反，长时间被关在没有窗子的室内空间，人的精神状态会发生异常现象，这是多数研究结果早已明确的结论。潜艇工作人员经常发生神经质的举动，在海底停留 30 天以上的人常表现其睡眠存在障碍，人与人之间的关系陷入困境。[3] 虽然这些现象与封闭空间的大小、活动内容、参加体验的人数与性格等有关联，但是也不能排除因没有窗户而不能及时了解外面情况所带来的影响。人虽然适应性很强，但是如果长时间在没有窗子的地下室或者地下空间活动，难免会产生精神上的负面影响。分析人类长时间与自然共存的历史，人类与自然相对隔绝的居住空间，从生理、心理上看并不适合。从这个意义上讲，窗子在连接外部空间和内部环境上起着不可替代的重要作用。

在美术馆、博物馆等地方，人类由于长时间欣赏而造成的疲劳现象称之为博物馆病症。为了解除人的这种疲劳现象，常常在适当的地方设置带有树木和水景的休息处，这是很有必要的设计。

欣赏外部的方式，与窗子设计有很大的关系。人的水平视线高度和视野范围决定窗台的高度。即便如此，人坐在椅子和坐在炕席对窗户高度也有不同的需求。在日本传统的地炕式房屋里，由于人坐在地炕的视线较低，设计窗台的高度也较低。因为仅仅考虑人坐在椅子时的视线，往往不能解决坐在地炕时的视线遮挡，使人感到有些压迫感。人欣赏外景不仅仅局限在周围风景，有时候希望能看到天空、树梢，有时候只想看到脚下的植被，而不想看到相邻的建筑（图2.55）。人开窗户有时仅仅打开小小的缝隙，目的只是欣赏外面的树木。因此，设计窗户对内部空间的使用起着很大的作用。

窗子既可以从内部看到外部，也可以从外部看到内部。橱窗就是典型的例子，透过橱窗，可以看见人在办公室内的走动，看到人在餐厅吃饭，看到店内的商品陈列，所有这些都在增添街区的活跃气氛。到了晚间，室内的照明使得观赏效果更加突出。窗子即是决定建筑物表情的重要因素，也是决定包括昼夜不同变化等在内的城市形象（图2.56）。

**图2.55** 脚下的窗子[7]

**图2.56** 白天与黑夜，不同的城市景观[7]

### d. 出入口

开口部通常可以分为以通风、采光、眺望为主要功能的窗子和以出入为主要功能的出入口。不过，明确区分两者并非易事。因为出入口也可作为通风、采光，有时为了便于清扫而设置可出入式窗子。[注2] 发生火灾时，窗子还可以作为有效的避难口。无法使用避难楼梯时，窗子可以充当唯一的避难之路。把窗子兼作避难口时，需要在窗外设置阳台或者使人可以一时躲避的落脚之处。图2.57、图2.58表示即便可以从窗子逃出来，由于没有落脚之处而导致悲剧发生的情形。把窗子设计成可开启式，对高层建筑物需要在窗外设置阳台，保证人经过窗子从屋内逃出来以后有一个可停留的空间。集合式住宅、医院、高层建筑等尤其需要设置这种避难场所。与此同时，消防人员从外部进入室内实施救助，也需要使用可开启窗子。由于没有合适的出入口而导致重大伤亡的火灾事故案例很多。[注3] 百货店等商业设施为了防止商品褪色和出于商品宣传需要，通常都不把外墙窗户当作避难出口。这种做法十分不可取。正确的做法是，既要发挥窗子的通风、排烟、采光、眺望等功能，也要充分认识发生火灾时窗子的避难功能。精神病医院的门窗为了阻止病患外逃，

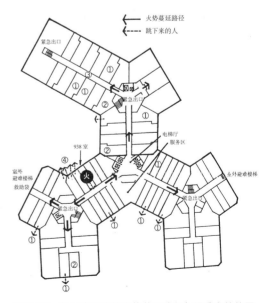

**图2.57** 新日本酒店的火势蔓延路径与遇难者的位置（冈田光正：火灾安全入门，学艺出版社）[8]

**图2.58** 大然阁酒店（韩国）的人群利用布料制作的绳子从窗户逃离[22]

罪大教堂。教堂上部塔尖上设有许多开口，开口部的形状呈喇叭口面向大街 [图2.59（c）]。教堂竣工之日，在内部演奏的庄严的管风琴音乐，通过塔尖上的无数个开口部传向外部，响彻巴塞罗那大街。

**图2.59** 传送音乐的教堂（圣家赎罪教堂，设计：高迪）（a）塔尖林立；（b）穿过塔尖的开口部；（c）开口部构造

平日都使用反锁装置。发生紧急情况时，采用外部可控式解锁方法。这是控制门窗的特殊情形。此外，由于窃贼利用窗子进入屋内行窃，需要对窗子进行必要的防护措施。既要确保发生紧急情况时的避难，也要防止窃贼行窃。两者尽管矛盾，也要设法满足这种相互对立的窗子的功能需求。

#### e. 向外部传达内部气氛

被透过窗户飘出室外的音乐声和咖啡的香气所吸引，不由得走进茶室的经历，想必谁都体验过。窗子具有通过视觉、听觉、嗅觉把内部的气氛向外传送的功能。

尤其日本是木结构文化之国，各居家的隔声性能都较低，从屋子里传出来的声音组成独特的音响情景。[注4]音乐评论家吉田秀和把每天经过宽度不到2米的胡同的体验作了如下描述："胡同的一个角落传出三弦琴的声音……每当听到音乐声，让人不得不感叹这就是胡同之音乐。不，它和胡同一样，是这个国家自然和文化成为一体的产物，是文化精髓"。[4]

另一方面，欧洲以砖石结构文化为代表，从石墙反射的音乐效果催生巴洛克音乐，船工在游船上演唱的威尼斯船歌响彻威尼斯街道。建筑对音乐文化的影响很大。

图2.59是高迪设计的至今尚未完工的圣家赎

### 2.3.2 窗的名称与分类

窗户根据其功能、形状、位置、开启方式、结构形式等分为许多种类，名称也各不相同。根据功能，窗户可以划分为换气、采光、眺望、防火、排烟、防水、防虫、隔声、密封、防辐射等类型。

根据形状划分时，可以分为四角窗、圆窗、六角窗、八角窗等；根据位置可以划分为天窗、高窗、栏杆窗、飘窗、打扫出入窗；根据开启方式可以划分为双拉窗、上下开启窗、旋转窗、平开窗、固定窗等，芝加哥式窗[注5]采取中间固定两侧上下开启的形式；根据窗子的结构可以划分为网格式、格子式、帘子式（图2.60）[注6]、折叶式[注7]、落地式[注8]等。此外还有双层窗、三层窗等类型。

### 2.3.3 气候、风土与窗

现在，建筑材料和施工技术有了很大的发展。随着可以人工调节环境的空调技术的进步，在世界各地建造相同的建筑成为现实。但是，合理的建筑形态原本是适应气候、风土等环境条件的。凭借机械的力量和依靠消费有限的化石能源制造人工环境的做法理应尽量避免。这种认识在地球环境不断恶化和资源、能源不断枯竭的今天，具有很深远的意义。

我们应当了解和掌握在风土之中经过不断探索

卷帘绳子

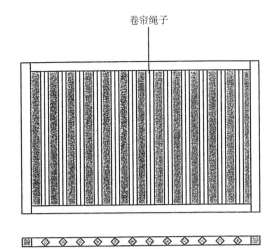

**图 2.60** 卷帘窗

(b)

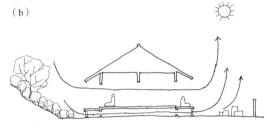

**图 2.61** 建筑与庭院的关系

**图 2.62** 砖木混和结构（德国雷根斯堡）

**图 2.63** 原木结构（芬兰木结构教堂）[14]

创造出来的，与自然共存的传统建筑形态的先人们的智慧。这对今后的建筑环境规划很有意义。下面对风土、气候与窗子的关系做一个概括性介绍。

窗子的设置方式和形态随风土和气候发生变化。同样的木结构建筑在不同的风土中，其形态也各不相同。日本的夏季高温多湿，通风要求较高。利用丰富的木材建造框架式结构，窗子和开口部的设置可以不受制约，比较自由地实现适合风土的形态。图 2.61 表示传统建筑与庭院的关系。到了夏季，位于南面的假山庭院在阳光的照耀下，受热形成上升空气流。在温差的作用下，北侧庭院树荫下的清凉空气透过建筑物流向南面。北侧斜坡上种植的树木在阳光的直射下，显得格外鲜亮，富有欣赏性。这就是先人们集通风、采光、眺望为一体建造的建筑形态。京都的町屋是很好的例子。町屋的建筑布局依靠街面的空气上升气流，引导庭院的凉风通向建筑物。在夏季使用帘子代替拉窗，空气环境更加舒适。

那么，风土截然不同的欧洲的情况又如何呢？位于阿尔卑斯山脉北侧，以德国为中心的欧洲北部各国，比起砖混结构，多使用丰富的木结构建筑。为了抵御严寒，选择厚墙和小窗的设计。多采用砖木混合结构和圆木结构形式（图 2.62）。圆木结构（图 2.63）的墙体由原木垒加而成，隔热性好但只能开小口。

与之相反，位于阿尔卑斯山脉南侧的欧洲南

部，属于地中海温暖气候，雨量少，缺乏木材而石头较多。这里大多采用砖石结构建筑。由于是砌筑式建筑，只能设置小型窗户。因为湿度较低，相对容易度过炎热夏季。

如何处理窗户等开口部，是砌筑式建筑面临的问题。在开口部的上部设置秫槽或者做成拱形是常见的处理手法。由于开口尺寸不能横向加大，必然形成竖条形状，因此出现秫槽或者拱形等各式各样的窗口设计手法。这种窗口形式是砖石结构的特征，拱托着欧洲魅力并行街区景观（图2.64）。

### 2.3.4 窗的形态与变迁
### a. 欧洲的窗户

窗子的历史悠久，从壁画、雕刻等考古发掘中得知，窗子与建筑物几乎同时出现。让我们以欧洲为重点，了解在墙壁上如何设置窗子和开口部的艰难历程。

埃及的神殿建筑物出现了利用栏杆结构采光的方法（图2.65）。神殿中央大厅使用高大圆形柱子支撑，两侧大厅则使用较低的柱子。利用房屋高差在中央大厅两侧设置高窗。罗马帝国时代已经出现玻璃窗。房屋呈长方形，采用结实的架构承载上部三角形、梳子形山行墙。窗子上口多采用半圆形拱形窗。如同罗马的万神殿，在拱形圆顶最上部开启圆形天窗是常用的方式（图2.66）。在拱形圆顶侧面采光的方式也常见。初期

**图 2.64** 砖石建筑并行街区（意大利圣马力诺）

的基督教教堂建筑也利用栏杆结构采光。采取这种采光方式，多数是为了强调宗教氛围。到了哥特时期，窗子发生了巨大变化。扶壁式拱架结构（图2.67）注9作为哥特式建筑的合理的结构形式，极大地增加了窗子的面积。随着增强型穹顶、尖塔式圆顶的采用，原本在厚重石墙上设置的小开口窗获得了解放，一举扩大为大型窗户。彩色玻璃的出现更加与之相呼应，以侧窗为首的大型窗户通亮了教堂内部，赋予了神秘色彩的建筑空间（图2.68）。华丽的窗户在宗教建筑以外的其他建筑中也得到普及，把窗户当作华丽的象征。

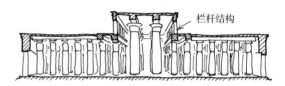

**图 2.65** 栏杆结构（埃及卡纳克神殿，公元前1300年前后）

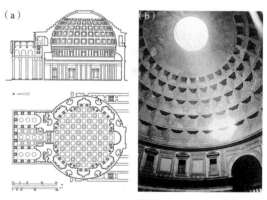

**图 2.66** 万神殿的屋顶采光（罗马，公元120年前后）
（a）剖面图和平面图；（b）内景

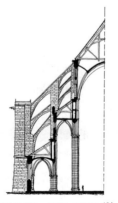 

**图 2.67** 扶壁式构架 16) **图 2.68** 圣堂侧窗（巴黎圣母院）

到了文艺复兴时期，窗户的形状从哥特式重新回归单纯的古罗马时期。认为山形墙上的半圆形拱形窗、装饰性矩形窗显得更加庄重，受到众人喜爱。

巴洛克建筑注重曲线和波浪形设计。16 世纪出现了窄而高、平开式法式窗户。到了洛可可时代，这种建筑风格受到普遍欢迎，广为流行。

同一时期的英国，出现了使用两个窗框的上下开启窗，后来在使用过程中不断得到改善。

### b. 日本的窗户

根据家形埴轮、家屋文镜等人的史料，奈良时代以前的日本并没有有关窗户的详细资料记载。窗户的种类和构造比较明朗化，是佛教建筑传来以后的事情。日本的建筑基本都是木框架结构，开口部可以做到落地，满足通风、采光基本不成问题。传统的日式建筑采用的帘子窗（帘子窗）[注6]，大体上与欧洲的窗户相当。帘子窗利用帘子之间的缝隙采光，同时风也能通过。为了防风，在帘子内侧设置屏风或者拉窗。

镰仓时代传入日本的禅宗式（唐朝式）建筑，多使用花边窗（图 2.69）。相比普通的矩形帘子窗，花边窗具有独特的曲线。

欧洲的窗户也利用窗框、秝槽或者拱形对窗户进行装饰。纵观东西方对窗户的认识，其审美性是共同的。这也充分证明窗户在建筑设计中的重要性。

平安时代的宫殿式建筑门窗由上下两部分组成。开启上部时，具有与窗户相同功能（蔀户）。[注10] 但是，由于门窗下部高度约有 80cm，坐在炕上时看不到外部。近世的书院利用落地式拉窗对开口部进行处理，解决了视线问题。炕席上面对窗户，设有读书用固定台面（图 2.70）。书院的窗户窗台高度采取 45cm 上下，确保坐视状态下眺望室外。后来成为日式住宅的窗户设计基本参数。

农家和町屋采用的落地窗，把没有涂装的挡板部分做成格子形状，作为窗户使用，既简便又朴素。之后经过不断改进，到了近世初期的茶室窗户，从设计上得到很大的提高，成为数寄屋风格建筑的重要因素。

茶室设计要求多彩空间，在小空间布置较多窗户是茶室设计的特点之一（图 2.71）。织田有乐斋的九窗亭拥有 9 扇窗户，远州派的八窗轩拥有 8 扇窗户。在小小的黑暗空间，从窗户引入谈谈的光线，使其成为幽静的宇宙空间，就是茶室的设计本意。

### c. 现代窗户

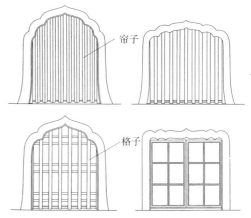

图 2.69　花边窗[9]

图 2.70　书院的窗户[20]

图 2.71　茶室的窗户（高桐院，松向轩）[20]

窗户的形态和对窗户的思考方式发生大变革的时期，是人类以产业革命为契机跨入工业化社会之后。建筑材料的大量生产和结构、施工技术的发展，是其主要原因。

大量使用钢材和混凝土，使得欧洲从不得已采用的砌筑式结构中获得解放，建筑物开始采用由梁柱组成的框架结构。勒·柯布西耶著名的多米诺系统（图 2.72），力求建筑从墙体和土地中得到解放，他所倡导的带形长窗、底层架空、屋顶花园等设计五原则，对之后的近代建筑带来了很大影响（图 2.73）。

力求建筑从墙体中得到解放的设计理念，随着玻璃的大量供应而得到快速应用。密斯·凡·德·罗提出了全玻璃幕墙摩天大楼设计方案（图 2.74），

而 W·格罗皮乌斯则在包豪斯校舍设计中付诸实施（图 2.75）。在芝加哥建造的拉埃特大厦被认为是现代办公大楼的鼻祖（图 2.76）。在钢框架结构柱子之间设置玻璃窗，中间窗户设计成固定式，左右两侧窗设计成上下开启式，被称为芝加哥窗户。

新兴工业技术可以制造各式各样的窗户，所有外墙全部采用玻璃从技术上也没有问题，支撑窗户的构造形式也简便多样。

但是，有必要重新认识可开启窗户的复合功能，以窗户为媒介，适当利用太阳能和自然风，对解决地球环境问题和资源能源问题显得越来越重要。

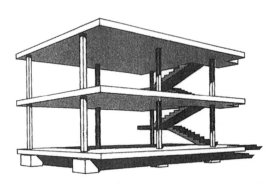

**图 2.72** 勒·柯布西耶的多米诺系统（1915 年）[15]

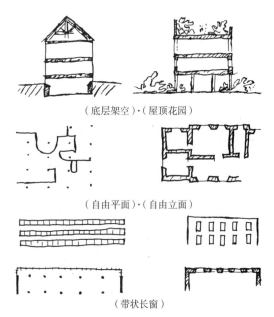

（底层架空）·（屋顶花园）

（自由平面）·（自由立面）

（带状长窗）

**图 2.73** 勒·柯布西耶的设计 5 原则 [15]

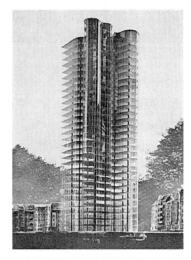

**图 2.74** 玻璃幕墙摩天大楼（密斯·凡·德·罗的设计方案）[12]

**图 2.75** 包豪斯校舍（Bauhaus）（德国杜塞尔多夫，设计：W·格罗皮乌斯，1926）[13]

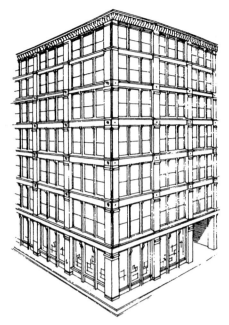

图 2.76　拉埃特大厦（leiter building）（芝加哥，设计：威廉·勒·巴伦·詹尼，1879）[23]

### 2.3.5　克服窗弱点的方法

窗户具有生活环境必不可少的若干重要功能，难免也存在不少缺点，必须采取适当的窗户设计。

#### a. 风雨

建筑物的防水很重要，门窗和窗框在其构造、施工上存在着许多值得注意的问题点。玻璃窗容易受到污染，维护需要费点心思。

防水的通常做法是，设置窗沿或者门窗框离墙壁缩进一些距离，防止雨水的直接渗入。

#### b. 隔热与隔声

阳光直射的夏季，窗户容易传热。最近开发出热吸收玻璃，其效果尚未达到预期。设置窗沿、双重门、隔扇等都可以有效防止阳光直射。

值得一提的是，可控性窗沿可以很好地抵挡阳光直射，是值得提倡的设计手法。

设置帐篷、竹帘、苇帘，都是阻挡阳光的简易方法。玻璃的热传导率高，在冬季使室内温度下降较快，隔声效果也不理想。可以采用中空玻璃[注11]、双层玻璃、隔声窗提高隔热性。设置拉窗，由于拉窗与玻璃门之间形成空气层，隔热效果较好。

拉窗除了前面所述的功能以外，还具有审美功能。当光线经过纸窗时，光线变得清淡、柔和，

折射出拉窗的美丽几何投影，室内空间变得亲切、祥和。拉窗已经成为窗户的设计词汇（图 2.77）。

利用空调调节室内温度的场合，遇到人进进出出，容易发生室内空气的逃逸和外部空气的涌入，造成能源的浪费。此时，可以采取设置门斗（图 2.78）或者旋转门等的方法。旋转门分为人力式和自动感应式两种。自动感应式旋转门虽然能做到自动停止，但由于技术不过关，经常发生问题，应尽量避免使用。[注12]

#### c. 刺眼光线

白天的阳光有时候强度较高，容易造成刺眼或者使室内物品和家具褪色。此时需要设置窗帘、隔幕、有色门窗、拉窗等控制窗户的透光度。

#### d. 视线

有时候，有必要阻断来自外部的视线。此时可以采用磨砂玻璃、窗帘、隔幕、拉窗、有色玻璃、

图 2.77　拉窗之美（桂离宫古书院）

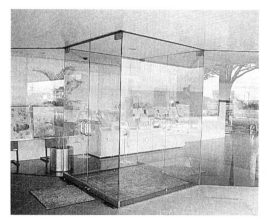

图 2.78　门斗（资生堂艺术屋，静冈县，设计：谷口吉生、高宫真介，1978 年）

隔扇等形式。

### e. 火灾

玻璃的防火性能较差。为了防止外部火灾的蔓延，法规规定需要防火的部位，采用丝网玻璃（纤维玻璃）。

### f. 冲击

普通玻璃的抗冲击能力较差，也难以抵挡刮强风时飞来物体的冲击和小偷的破坏行为。因此必要之处可以采用纤维玻璃、强化玻璃，设置钢制网格也很有效。

大量使用玻璃的幕墙建筑，要采取措施，防止发生地震时玻璃的剥落（图 2.79）。

1974 年 8 月 30 日，位于东京丸之内办公大街的三菱重工大厦发生爆炸事件。爆炸对玻璃的恐怖性冲击，至今留给人们的印象仍然非常深刻。隐藏在大厦主入口的定时炸弹爆炸时，对该大厦破坏的严重性不用细说，仅附近大楼的玻璃就被震碎 2500 块。当时正值午休时间，震碎的玻璃雨点般洒落在大街上行走的员工头上，造成包括死亡 8 人在内的近 500 人伤亡。当今的日本也难免遭到爆炸等恐怖袭击，大楼设计中采取布置阳台、窗沿等措施还是十分必要的（参照图 2.82）。

### g. 坠落

窗户设计必须考虑防止人的坠落。采用可开启窗户，要适当提高窗台高度，设置抓手。把握人体重心的窗户构造设计也能防止人的坠落（图 2.80）。

□ 破裂的玻璃

图 2.79　地震时的玻璃滑落（1995 年阪神·淡路大地震时，大阪市内某大楼的震害情况）

图 2.80　防坠落窗户
（a）外观；（b）屋内

### h. 防盗与防虫

窗户设计的防盗措施有设置网格、套窗、百叶等。对转动式和滑动式窗户，缩小开启幅度，做到人头钻不进来。窗户设计的防虫措施是设置纱窗。

### i. 防止辐射和电磁波等

近年来，有些建筑设计要求窗户具备防辐射、防电磁波的功能。此时，要采取特殊的处理方法。

### j. 综合性措施

窗户的弱点主要表现在玻璃上。玻璃的特点是透光性好，但冲击性、隔热性、隔声性、耐火性差。克服玻璃弱点的综合性措施是，在开口部设置套窗或者钢制百叶窗。不过，如图 2.81 所示，这未必是全日本的统一措施。台风频发地区，在套窗的设置率较高；而在下雪较多的地区，套窗的使用率较低，不适合其风土性。之所以使用率较低，是因为套窗容易被冻住，无法打开。[5]

考虑震灾发生时的火势蔓延，集合式住宅可以采用百叶窗。东京都江东区防灾避难场所的窗户全部设计成百叶窗，发生灾害时可以及时关闭。大阪燃气大厦[注13] 于昭和 7 年（1932 年）竣工，至今仍在使用。该大厦的窗户全部采用百叶窗，在大阪大空袭引发的火灾中得以幸免于难。该大厦设计缜密考虑紧急情况的应对措施，展现出高超的设计能力，是一个优秀的设计案例。

设置阳台也能得到复合性效果。它可以防止地震时的玻璃掉落，容易清扫，阻止阳光直射，节约能源。发生火灾等紧急情况时，还可以跳出窗户进入阳台，作为临时的避难空间。这些当然不能算作窗户的弱点。

本田帝国的缔造者本田宗一郎在建设总部大楼时，曾经提出一个希望："不管发生什么样的地震，绝对不能让行人受伤"。根据这个指示，设计师采用全方位设置阳台的设计手法（图2.82）。这在办公楼设计中是非常罕见的，是设计师在充分理解和把握窗户的复合性功能的基础上所采取的设计手法。

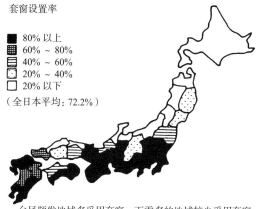

套窗设置率

■ 80% 以上
▦ 60% ~ 80%
▤ 40% ~ 60%
▨ 20% ~ 40%
□ 20% 以下

（全日本平均：72.2%）

台风频发地域多采用套窗，下雪多的地域较少采用套窗

**图 2.81** 不同地域的套窗使用率的差异[5]

**图 2.82** 设置阳台的办公大厦（本田青山大厦，设计：椎名政夫，1985 年，摄影：吉村英祐）

## 参 考 文 献

1 ） 長谷川貴則：階段室型共同住宅の居住環境の再評価に基づくストックの長期活用に関する研究，大阪大学修士論文，2004

2 ） 現代用語の基礎知識，自由国民社，1999

3 ） 関邦博ほか：人間の許容限界ハンドブック，朝倉書店，1990

4 ） 吉田秀和：音楽展望，講談社，1978

5 ） 鈴木成文：住まいを読む—現代日本住居論，建築資料研究社，1999

6 ） 岡田光正ほか：建築計画 1（新版），鹿島出版会，2002

7 ） W. シヴェルブシュ著，小川さくら訳：光と影のドラマトゥルギー，法政大学出版局，1997

8 ） 岡田光正：火災安全学入門，学芸出版社，1985

9 ） 横山秀哉：コンクリート造の寺院建築，彰国社，1977

10 ） 岡田光正ほか：建築計画 2（新版），鹿島出版会，2003

11 ） Henri Stierlin：Encyclopaedia of World Architecture1, Office du Livre, 1977

12 ） 森田慶一：西洋建築入門，東海大学出版会，1971

13 ） S. Giedion：Space, Time and Architecture,Harvard University Press, 1963

14 ） Lars Pettersson：Finnish Wooden Church, Otava, 1992

15 ） W.Boesiger：Le Corbusier 1910—65, Verlag fur Architectur, 1967

16 ） Robert Einaud：Aesthotics and Technology in Building , Harvard University Press, 1965

17 ） 建設省住宅局建築指導課監修：新・排煙設備技術指針 1987 年版，日本建築センター，1987

18 ） l' architecture d' aujourd' hui, No.356, 2005

19 ） 関根雅文：オフィスの光環境（自然光との共存），Re, No.142, 2004

20 ） 水野克比古：座敷蔵時記，京都書院，1988

21 ） W. Boesiger and O. Stonorov：Le Corbusier 1910—1929, Les Editions d' Architecture, Erlenbach—Zurich, 1948

22 ） A. Elwood Willey：Tae Yon Kak Hotel Fire, Korea, High—Rice Building Fires and Fire Safety, NFPA, No.SPP 18

23 ） F. ハート：鋼構造デザイン資料集成，鹿島出版会，1978

**注1** 采光标准：是窗户面积与房间面积的比值（开

口率）。学校（小学、初中、高中）为 1/5,住宅、病床、诊室、宿舍为 1/7,其他建筑为 1/10。

注 2　清扫用窗户：指用作室内清扫的开口部,是采取落地式的窗。

注 3　施救窗:2001 年 9 月 1 日( 星期六 )中午 13 点,位于东京都新宿区歌舞伎街的一栋混居大楼发生火灾。该大楼系点式高层建筑,正面窗户全部被广告板遮挡,阻断了避难路线,消防人员无法进入。造成 44 人死亡、3 人受伤的严重事故。

注 4　音响情景:可译为声音景观、声的风景,指通过听觉分辨音乐、语言、噪声、自然声等各种声音的景象。由加拿大作曲家 R·玛丽西弗在 20 世纪 60 年代后半期提出来的概念,是来自 Landscape ( 景观 ) 的造句。隐含对近代不依赖视觉的知觉观的批评。

注 5　芝加哥式窗:19 世纪末, 在芝加哥兴起高层建筑热时,突出建筑正立面的一种窗户形式。其特点是,中间大部分窗采用固定式,而两侧狭窄的窗采用上下开启式。

注 6　帘子窗:它是把细木条按照一定的间隔并排而成的窗。该细木条称作帘杆,帘杆是正方形木条,制作时把棱角对准帘子面。后来发展成镶嵌雕刻板,出现了以欣赏为主、通风和采光为辅的现象。

注 7　折叶式拉帘窗:是设置折页的帘子窗,在折页帘杆内侧设置同一型拉帘杆的窗户。其中一个

控制折页转动,另一个控制拉帘窗的升降。

注 8　落地窗:把窗下墙壁设计成类似窗户的窗,多在茶室中使用。

注 9　拱式扶壁:在哥特式教堂经常看见。为了把拱形房顶的压力向外传递,在两侧屋顶上方设置的石头圆顶。

注 10　板窗:是在格子背面敷设木板的窗户,通常由上下两块组成。上半部分可以吊起来,下半部分嵌入柱子之间。开启方式为:上部利用挂在屋檐的拉绳悬吊起来,下部向外推开。

注 11　中空玻璃:由于玻璃的热传导率较大,因此,采取中间留有缝隙的双层玻璃来提高玻璃的隔热效果。

注 12　旋转门:2004 年 4 月,在东京的六本木希尔兹大厦,发生六岁男童被旋转门夹住导致死亡的事故。发生这次事故以后,针对旋转门实施全日本范围的使用调查。调查结果显示,类似的案件迄今为止已发生约 300 起。国外的情况也类似,发生六本木儿童死亡事故两周前,在德国科隆也发生男童死亡事故,导致重新修订自动旋转门的使用标准。

注 13　大阪燃气大厦:是由安井武雄设计,于 1933 年建成的大阪燃气总部大楼。一、二层外墙贴有黑色花岗石和花岗岩,三层贴有白色瓷砖。二层通长窗框采用德制不锈钢。按照当时的设计、设备水准,大楼设计属于比较先进的技术水平。

## 2.4 地面设计与环境

地面就是位于建筑空间下部的、其上承载人类和物品以及各类生活的水平面。是与屋顶、墙壁一起，组成建筑空间的最基本要素之一。虽说是平面，考虑排水等因素，多少有一些必要的坡度。既然是建筑物的下部，有时把倾斜路面和楼梯也划作地面的范畴。

建筑师芦原义信认为：欧洲的建筑是"墙体型建筑"，日本的建筑是"地面型建筑"（图2.83）。[1] 日本属于高温多湿地区，对房屋地面设计形成了独特文化。地面规划是建筑规划中很重要的内容。

### 2.4.1 地面的功能与性能
地面的功能与性能归纳如下：

#### a. 支撑功能
由于地面承载人和物体的重量，要求具备充分的结构强度。[注1] 从结构角度要求具备一定的水平刚度。

#### b. 间壁功能

作为间壁功能，要求具备充分的隔热和隔声功能。特别是连接外部环境的屋顶层和最下层地面必须解决温度变化、噪声、高湿等问题。人们生活在公寓里的最大苦恼，就是楼层之间的隔声问题。在集合式住宅设计里，提高楼地面的隔声性能与墙体同等重要。

在播音室等处，为了尽量阻止外部声音，通常追加设置架空层。

地面作间壁是为了满足活动空间需要，有时也有通气需求。例如：百川乡的人字形结构民居把底层烧火产生的烟气通过上层的板条状地面通

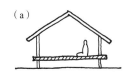

**图2.83** "地面型建筑"与"墙体型建筑"
（a）地面型建筑；（b）墙体型建筑

道排出屋外。饲养蚕茧的空间为了去除茅草屋顶的虫子，需要使用烟气熏茅草。在建筑物的外檐和山庄凉台铺设骨架和板材时，通常都留有一定的缝隙，其目的就是为了较好地通风。由于是露在外部，当然也采取防止雨水的堆积形式。

#### c. 生活、活动空间功能
地面承载各种生活和活动，必须具备适合活动的性能。也就是说，根据使用目的，地面具备与之相适应的性能。

1）对水的性能：处理和使用水的地面，要求具有耐水性和防水性。也就是，铺装材料要求具有耐水性能，而且要求水不能渗透到其他空间。专用厨房、医院手术室、学校的卫生间在设计初期必须明确，地面是否进行冲洗作业。

公寓、旅馆的卫生间如果地面的防水性能较差时，从浴池中流出来的水容易渗透到楼下，造成漏水瑕疵。细致的设计很有必要。

2）对穿鞋和脱鞋的要求：对不用脱鞋的地面，防滑倒、污染、磨损是设计需要考虑的问题。平常不需要考虑滑倒的问题，到了下雨天，地面通常变得湿滑，容易发生滑倒现象。老年人的滑倒有时会造成很大的伤害，要慎重选择地面材料。大理石等表面磨得光亮的石材地面，设计得非常好看，却也难免发生摔倒。在公共空间使用，需要细致的研讨。

当人的脚底可以感觉到在地面设置的凹凸面时，具有指引行进方向功能。但是，如果在行进道路上设有障碍，这种功能就会消失。这就告诫我们，环境设计时，除了实物性硬件规划以外，对使用对象和措施等软件方面也要引起足够重视。

需要脱鞋，光着脚或者穿着袜子使用的地面，除了要考虑上述滑倒、污染、磨损等因素以外，还要考虑冷暖、适当的吸湿性、较好的脚感性。日本具有进屋时换鞋的文化传统，因此炕席必须是由具有优秀特性的材质构成。图2.84是西洋风格与日式风格相结合的、独具匠心的住宅设计案例。在铺设深红色石材的地面上，放置轮式台面（可移动地面），即可以坐在椅子上，也可以盘腿坐在地面。建筑师清家清提出了崭新的住宅设计

(b)

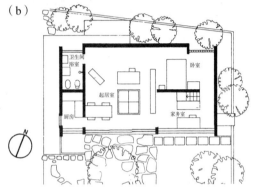

**图 2.84** 可移动炕席的地面(清家清设计的自宅,1954 年)
(a)站在庭院欣赏到的外观;(b)平面图[12]

概念,到二战结束为止,这在建筑界是从未有过的设计尝试。在他的设计概念中,印象最为深刻的不外乎是可以使用传统的炕席。

进屋换鞋的情形不仅仅出现在住宅,在学校和医院或者有精密仪器防尘要求的研究所和工厂,也都有换鞋的要求。

是否需要换鞋,是区分酒店和传统旅馆的特点之一。在酒店,客人可以穿鞋在酒店内自由走动,而在传统的日式旅馆则要求在玄关换鞋。这不仅仅是换不换鞋的问题,而是反映不同住店客人的风俗和生活习惯。酒店大堂等空间是对外开放空间,具有公共性质,兼有等待等功能。相反,在日式旅店的内部空间,只限定在与住店客人相关的范围内使用,允许穿着浴衣在室内走动。总之,需不需要换鞋等问题,必须根据使用对象和目的在设计初期决定。决定设置换鞋空间和鞋柜时,需要考虑地面高差。因此在确定标高和地面装饰时,必须预先考虑好这些因素。

3)特殊功能:由于体育馆、柔道馆等处的地

面要求具有一定的弹性,通常采用带有弹簧垫的防振动地面。电子计算机室、信息处理中心[注2]等地方,通常采用架高的防静电地面,地面下走电缆布线。

剧院的舞台地面也有特殊要求。舞台需要承载各种演出和动作,一般铺设弹性较好的木板。木地面可以使用铁钉,对固定舞台装置也有利。正规的舞台对舞台下面的空间有特殊要求。舞台下面的空间称为台仓(图 2.85),可以容纳使舞台升降、旋转、滑动的装置,以满足各种演出的需要。

能乐舞台为了使脚拍出的声音更为响亮,采用长横木或者墩子将四方形舞台支撑起来,舞台下面的空间通常很深。在传统的建造手法里,这种做法叫作舞台下造大铁锅(图 2.86)。[2]京都的知恩院舞台最为有名,只要一踩地板便会产生木板之间的摩擦声音,走廊如同设置莺啼声装置,据说可以防止小偷、忍者的侵入。

具有可调节式舞台的剧院可以根据演出内容

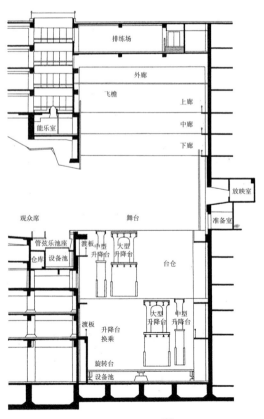

**图 2.85** 台仓[16]

调节舞台和观众席之间的相互位置和高度，满足各种布置要求（图2.87）。

穿顶式球场的地面通常采用人造草坪。当铺设天然草坪时，由于需要太阳的自然光照射，必须把地面推出房屋外部。埼玉运动场利用液压式千斤顶将地面顶起来，再利用牵引装置把地面拉出屋外。札幌的穿顶式球场运用气垫原理将地面托浮起来后，水平推出屋外（图2.88）。

地面原本是固定之物，科技的进步使地面具备了可移动性，以满足各种需求。但都必须依赖机械动力才能实现。不仅初期投入巨大，日后的运行维护费用也很高。所以，采用这些装置必须准确把握运行效率和经济可行性。

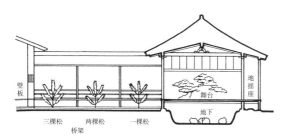

**图2.86** 能乐舞台下的大铁锅形地下空间[2]

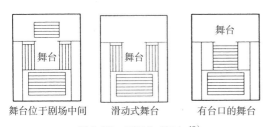

舞台位于剧场中间　　滑动式舞台　　有台口的舞台

**图2.87** 可调节式舞台[16]

**图2.88** 札幌穿顶球场可移动式地面（设计：原广司，
2001年）

## 2.4.2　气候、风土与地面

在欧洲，很多场合都不需要脱鞋进屋，室内外地面的做法从功能上没有很大差别。认为地面就是建筑空间的下部部分而已。

可是在日本，由于雨量多、夏季高温多湿，为了应对雨季和通风，采取大开口和抬高建筑物地面的做法科学合理。或许进屋需要脱鞋的生活习惯就此诞生。汉字的"床"，原本是睡床的意思。在地面上睡觉、盘坐、吃饭、两手扶在炕席打招呼，这些都是日本人的生活习惯。国际著名电影导演小津安二郎就是把相机架在炕席上，拍摄了平常的家庭生活（图2.89）。利用地面展现了日本文化的本质。

与日本类似的高湿度地区，木地板下设置架空层，不仅利于通风，而且还可以防止木材受到腐蚀。为此，在日本，木龙骨地面铺设要求设置通风口，龙骨高度至少取45厘米以上。

在房屋地面设置架空层是高温多湿的风土地区建筑特色。东南亚等地的高脚屋（图2.90）就是利用竹子等材料，把地面架空一定的高度，以利于地面下的通风。

韩国的地暖炕（参照3.4.2）是冬季抵御严寒的传统做法。近年来，日本普遍采用热水地暖。而韩国是利用向地面输送热气达到采暖目的。这种古老传统的采暖方法发挥了传热特性，也是合理的采暖方式。

制作地面，其目的就是营造生活、活动空间。

**图2.89** 品茶情景（小津安二郎的影片：麦收，
1951年）[19]

通过在丘陵地区和山岳地带制作地面，扩大了人类的居住环境。而且还获得了通常的环境条件意想不到的空间体验和视野瞭望。在水上制作地面同样可以获得惊喜的空间体验。充分利用各种土地条件完成地面设计，可以得到魅力无穷的生活空间（图2.91）。

### 2.4.3 地面的高度

回顾人类生活环境的形成过程，最初的房屋地面与室外土地完全一样，之后才不断克服严酷的外部环境，设法提高空间的使用效率，逐渐产生了各种标高的地面。在创造人类活动空间的过程中，设置地面标高和层高显得特别重要。

图2.92是一栋办公大楼地面标高的巧妙设计。利用地面标高展现出内部空间与外部空间之间丰富的相关性。

确定建筑物室外地面标高（GL），是建筑设计初期阶段必须解决的事项之一。建筑物首层室内地面标高通常比室外地面标高（GL）略为高一些。决定室外地面标高以后，再确定建筑物首层室内地面标高，依次推进建筑剖面规划设计。确定建筑物首层室内地面高度取决于以下因素：①水的因素；②从地面释放或者释放地面；③通风与采光因素；④眺望、视野、视线因素；⑤人类和物体的移动范围；⑥人类的行动能力和心理因素；⑦建筑空间的等级等因素。

#### a. 针对水的对策

在考虑和处理建筑物与用地之间的相互关系时，首先要保证雨水等不能进入建筑物内部。为此，需要掌握用地地下水位和暴雨时的雨水流量。确定内部空间地面高度，必须做到防止水的侵入。

**图2.90** 越南南部的高脚民居[14]

**图2.91** 流水别墅（考夫曼家族私宅）的地面设计
（设计：弗兰克·劳埃德·赖特，1936年）[10]

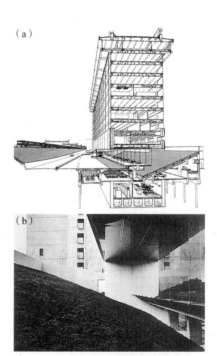

**图2.92** 办公大楼多功能地面（极地总部大楼，设计：日建设计，1971年）
（a）剖面图；（b）首层出入口大厅与斜坡庭院之间的空间构成

以住宅为例，正确的标高设计原则是：用地标高略高于马路标高，玄关、门廊的标高略高于入门口标高，按照门廊、门厅、室内地面的顺序依次抬高一定的高度（图2.93）。在内部空间，更衣室的地面略高于浴室地面。[注3]

这里提到的水，不仅仅指雨水。根据建筑所在的位置，还需考虑洪水、涨潮、海浪等因素。要考虑好发生紧急情况时的应对措施。桂离宫[图2.94（a）]和密斯·凡·德·罗设计的著名的范斯沃斯住宅[图2.94（b）]，考虑到附近经过的河流，都将建筑物的地面标高抬高了一定高度。

设置地下室时，对防水问题更要引起注意。制定防暴雨对策必须依据整个地域标高范围。地下室的标高在用地范围内可能不成问题，但是如果超出用地范围，处在地势较低的位置时，则很容易变成雨水流经通道。曾经发生过大量雨水涌入地下室，造成人员伤亡的事件。[注4]现在有好多城市是由过去的山谷和水洼地填埋而成的。掌握用地的历史，是设计初期阶段的重要任务。

## b. 从地面释放或者释放地面

高脚式建筑源自防止水的入侵，防止动物的进入。由此产生的地面下半室外空间，在人类的各种活动中被赋予了许多使用功能。

勒·柯布西耶倡导的多米诺系统（参照图2.73）借助吊脚楼手法，积极利用半室外空间把地面作为公共空间予以开放。丹下健三在设计广岛和平纪念公园时也采用了此方法，创造出值得称赞的公共空间（图2.95）。

不仅在公共空间的创意上，在用地狭窄的住宅里也可以采用引进自然的开放性设计（图2.96）。

**图2.93** 住宅地面高度确定[18]

（a）

**图2.94** 抬高地面标高的建筑
（a）桂离宫（京都，江户时代初期）；（b）范斯沃斯住宅
（设计：密斯·凡·德·罗，1950年）[11]

**图2.95** 广岛和平纪念公园（设计：丹下健三，1955年）

**图2.96** 空中房屋（设计：菊竹清训，1958年，作图：柏原誉）

吊脚空间可以防雨和避免阳光直射，可以作为儿童游乐场、休闲空间使用，也可以有停车、停泊空间等多种用途。剖面设计应当充分考虑这些可利用因素。

### c. 通风与采光

通风、采光是环境规划的基本因素。必须把握规划用地的主风向，确定窗户和开口位置时，注意与地面高度的关系。通常离地面越高，风力越大风量越多。考虑到夏季的炎热与湿度，木结构住宅采取首层地面适当抬高，地面下设置通风的设计比较好。

窗户和开口截面尺寸越大，阳光进入室内的幅度也越深。采用自然采光方式，较高的层高和顶棚效果较好。在日光灯等人工照明技术不发达的明治、大正时期，房屋顶棚都很高的原因之一就是为了获得较好的自然采光。现代社会也应当学习掌握灵活利用自然能源的方法。

### d. 眺望、视线、视野

超高层办公大楼通常在最上层设置餐厅等辅助用房。其目的就是通过一边欣赏一边用膳，让人获得一个好心情。通常站的位置越高，眺望效果就越好。因此，剖面规划必须注意这一点。过去的天守阁、现在的瞭望台，都是以眺望的角度设置地面高度。

对于住宅，虽然厨房、起居室从功能上看离地面越近越好，实际上由于受到上楼限制或者高脚架空，一楼的地面标高有时也会抬高一定高度。这或许是为了提高家族一起活动的空间的眺望效果，或许以提高采光和通风效果为优先。

多数人往一个方向面对对象物的场合，经常出现前面的人挡住后面人视线的情况。此时，通常采取阶梯式抬高地面高度的手法（图2.97）。体育竞技场、剧场、电影院的坐席都采取这种方式。抬高舞台的高度也是为了创造较好的观赏视线。

### e. 人类和物体的移动范围

顶棚高度和层高取决于建筑物内部空间中的人类的活动、物品的大小。具体来讲，确定顶棚高度，考虑人的身高和视野，不能带来压迫感并留有余地。当顶棚四周作墙线时，加上该剖面尺寸即成为层高。

家具等物品的尺寸一般取决于人的动作范围。在展览空间，有时需要展示飞行器、船只等大型物体，对顶棚、层高等没有上限要求。

建筑物越来越复合化，有的建筑物底层用作展示空间、剧场，有的容纳体育设施等大空间。此时，上层的地面标高自然抬高了许多。

在设计中，经常遇到的问题是，室内设置汽车库。乘用车类汽车库的高度可以比一般层高略低一些。在住宅底部设置停车空间，把首层地面位于其上，对生活的其他方面有好处。

### f. 人类的行动能力和心理因素

地面的高度、层高与人的上下移动能力有关。在昭和30年（公元1955年）大量建设的5层楼梯型集合式单元住宅，被认为是基于人步行能力的极限而确定的。在商业设施的规划中，利用楼梯上下移动时，一层的吸引力比二层要高。

地面的高度不仅仅取决于人的移动能力。C·埃里克森说："高层建筑折磨人的证据堆积如山"。[3] 他提出了住宅高度与人的精神障碍发病率之间的关系等人的心理、健康问题的研究成果，强调建筑物层数超过4层就会开始出现问题，提倡建筑物层数以4层为限。

针对房屋高度的对应方法是，采用电梯、自动扶梯等机械传送装置。此外，控制建筑物高度、降低地面高度、设置可步行楼梯或者斜板等也都是可采用方法。总之，至少需要尽量减低和柔和人的抗拒情绪的细致设计。

芦原义信设计的索尼大厦，平面呈"田"字形，设置4个不同层高，4个楼层可以按顺序旋转而形成展示空间。由于每一次转动造成的楼层之间的高差较小，因此不会产生人对高度的不适感。

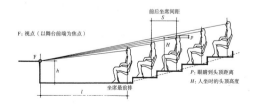

**图2.97** 剧场的地面[9]

人的视野能否够到楼梯的休息平台或者上一楼层，在心理上非常重要。人的平视高度大约是1.5m左右，在此高度上，如果能够看到楼梯的休息平台，则人的抵触心理就会降低（图2.98）。[4]

在人头攒动的车站等地，经常看见楼梯和自动扶梯并行排列在一起。如果楼层高差很大，上行时大多选择自动扶梯（图2.99）。[5]这件事情告诫我们两个问题，其一是若想让人利用楼梯，必须选择符合人能力的楼层高差，其二是楼层高差达到一定程度，设置自动扶梯更为有效。还有，对高龄人群来说，大多不情愿使用楼梯下楼。[注5]这是因为下楼时，一条腿承担的负担较大，对于老年人容易产生体力不支、关节疼痛等现象。由此可见，服务于老年人的地方，如果只有一台自动扶梯，应当将其设定为下楼用。

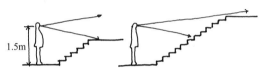

**图2.98** 楼梯休息平台高度与人抵触心理之间的关系

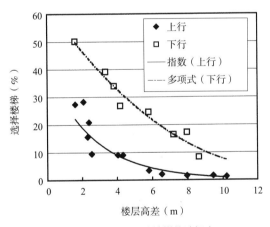

**图2.99** 楼梯与自动扶梯的选择率

### g. 建筑空间的等级因素

自古以来，无论是西方还是东方，不管是宗教建筑还是宫殿建筑，都把最为尊贵的东西布置在最里侧，越是往里走，其地面高度越高。也就是说，把抬高地面高度作为尊贵等级与空间等级之间的置换手法。在日本的女孩节（每年的3月

3日）上，陈列偶人的阶梯式台阶就是其典型例子之一。在城市，也有靠近山脚下的较高处和低洼街区之分。日本建筑中的书院建筑也分为上层房间与下层房间。

地面的高低之分不仅具有象征性意义，而且还有高处防备简单和向下俯看的优越性等。

从下面接近目标建筑时，通过不间断地目视情景，可以使人们的身心激动起来。在这种设计手法中，确定建筑物本身的高度非常重要。从广场—卫城城堡—帕特农神殿的连接空间（图2.100），还有矗立在长长的石头台阶上面的室生寺等，考察其空间的剖面组成，可谓是惊叹不已。这样的案例还是很多的（图2.101）。

### 2.4.4 地面坡度

平常的地面一般都做成平的，有时也需要做一些坡度。做坡度的理由是：①排水；②解决高差；③保证视野；④引起人们的注意力；⑤取得异型空间体验效果。

**图2.100** 由远走近的帕特农神庙特写
（a）从广场看到的卫城远景；（b）从广场看到的卫城近景；
（c）山门之远景；（d）山门之近景；（e）完整映入视野的
帕特农神庙

图 2.101　室生寺的五重塔和石阶（天平时代，
摄影：横田隆司）

图 2.102　造成轮椅障碍的道路剖面坡度

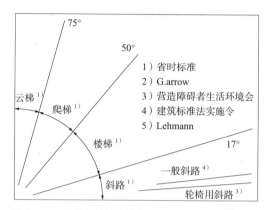

图 2.103　楼梯与斜坡的坡度选择（根据文献[17]制作）

图中标注：

75°
50°
17°

1）省时标准
2）G.arrow
3）营造障碍者生活环境会
4）建筑标准法实施令
5）Lehmann

云梯[1]
爬梯[1]
楼梯[1]
斜路[1]
一般斜路[4]
轮椅用斜路[3]

## a. 排水

水从高处向低处流。利用水的这个特性，需要排水的地面就要做坡度。雨水光临的屋顶、露台、阳台、平台、道路、广场、架空层等半室外空间地面等，内部空间的浴室、学校等处的冲水式厕所、手术室、厨房等，这些地方都需要做坡度和排水口，以便处理排水问题。

做坡度时需要注意的问题是，室外道路路面横向坡度的设置（图 2.102）。对轮椅使用者来说，如果坡度过大，容易造成轮子受到制约，前行困难。

## b. 解决高差

地面与地面之间的高度差称为标高差。解决这种高差的方法就是使用楼梯或者斜坡。图 2.103 表示，坡度较缓可以采用斜坡，坡度较陡则采用楼梯。坡度较缓也可以采用楼梯，考虑轮椅、婴儿车等的使用，采取斜坡为好。斜坡对于正常人群也可以不需要特别注意脚下的自如移动。表 2.2 表示并行设置楼梯和斜坡时人的选择调查结果。[6] 对行人之所以多选择斜坡，也许就是人们在斜坡行走时无需顾忌脚下可连续移动。患有风湿病等腿脚不利索的人群下行时，多选择楼梯。考虑到人群的多样性，并行设置楼梯和斜坡还是比较理想的设计选项。

并行设置楼梯和斜坡时的选择率[6]　　　　　　　　　　　　　　　　　　　　表 2.2

| 调查地点 | tomarge 地下中心前 | 第3、4大厦连接路（第3大厦一侧） | 第3、4大厦连接路（第4大厦一侧） | 地铁四条车站南北检票通道 |
|---|---|---|---|---|
| 高差 | 170.5cm | 126cm | 112cm | 90cm |
| 斜路坡度 | 1/12.16 | 1/8.19 | 1/9.23 | 1/14.97 |
| 斜路长度 | 2080cm | 1040cm | 1040cm | 1350cm |
| 楼梯踏步高度 | 15.5cm | 14cm | 14cm | 15cm |
| 楼梯踏步宽度 | 33.5cm | 32cm | 82cm | 31.5cm |
| 梯段踏步数量 | 11 步 | 9 步 | 8 步 | 6 步 |
| 全体 上行 | 74%（565/763） | 33%（233/706） | 96%（716/743） | 89%（351/393） |
| 下行 | 95%（744/781） | 92%（743/880） | 23%（163/706） | 74%（184/248） |
| 年迈者 上行 | 87%（13/15） | 86%（18/21） | 100%（37/37） | 100%（3/3） |
| 下行 | 100%（14/14） | 100%（37/37） | 67%（14/21） | 100%（3/3） |

最近在美术馆、学校、福利设施等建筑设计中，都在积极采用斜坡，这种案例较多（图2.104）。这是因为，斜坡不仅仅是无障碍设计手法，正常人群也可以体验与楼梯截然不同的空间体验，可以舒适快捷地上下移动。

赖特设计的纽约古根海姆美术馆，是一座用螺旋状斜坡展示空间的高层建筑（图2.105）。顾客在首层先乘坐电梯到顶层，而后沿着斜坡可以连续不间断地欣赏挂在墙面的作品，走到首层展览即告结束。

面对高差，需要引起注意的是，有时若干厘米的高差有可能成为绊倒人的元凶。如果是一般楼梯踏步左右的高度，则会引起人的注意，而微小的高度差往往使行人意识不到。因此，这种地方必须设置斜坡，以防行人摔倒。

### c. 保证视野

大礼堂的观众席必须满足的条件之一，就是视野开阔、没有遮挡。前面坐席不遮挡视线的舞台、屏幕视线被称作可视视线。斜坡地面的设置也是根据这个条件。由可视视线计算的地面坡度叫作等响线，简称座位曲线（参照图2.97）。

地面作斜坡，顶棚自然也跟着往下倾斜。这个问题设计又是如何解决呢？图2.106是柏林音乐厅，大礼堂的空间形态与首层休息大厅完整地连接在一起，凸显设计师丰富的空间想象力。

### d. 引起人们的注意力

正如水往低处流，人类通常也是无意间往低处移动。这也许是某种吸引在作怪吧。巴黎蓬

皮杜中心前广场的坡度，就是面向建筑物做的缓坡（图2.107），试图把广场上的人群自然地引向建筑物。意大利的锡耶纳坎波广场以扇形平面著称，也是面向扇形顶点处的政府塔做了缓坡（图2.108）。显然，这种处理手法不仅赋予排水功能，更为重要的是，充分体现了充满活力的空间魅力。

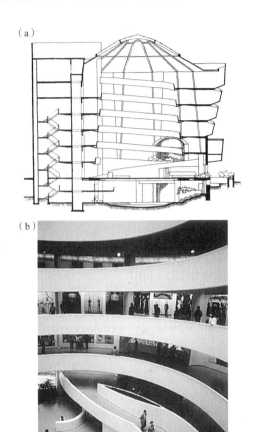

（a）

（b）

**图2.105** 螺旋状地面的美术馆（纽约，古根汉姆美术馆）（a）剖面图[10]；（b）无墙部位内部特写（摄影：上田正人）

**图2.104** 设计坡道的建筑（东京国际广场，设计：拉斐尔·莫内欧，1996年，摄影：吉村英祐）

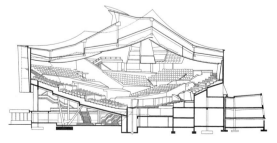

**图2.106** 地面与顶棚的形态（柏林爱乐音乐厅）[10]

图 2.107　蓬皮杜中心前广场[13]

（a）

（b）

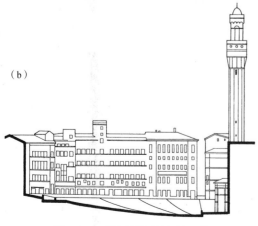

图 2.108　锡耶纳坎波广场地面[2]
（a）鸟瞰图;（b）剖面图

### e. 取得异型空间体验效果

有时，设计打破水平地面的传统概念，采用曲面、斜坡面组成建筑空间，可谓与众不同的异型空间建筑。细想起来，胎儿空间、古老的洞穴居住空间，也都是自然形成的有机形态。自然大地原本就是凹凸不平、有斜度的。那么，为什么地面一定要做成水平的呢？下面介绍否定水平论的设计案例。

1）关怀天命返回地（图 2.109）：针对擂钵状地面、陡坡路面等组成的奇特造型，设计师荒川修作解释了其设计意图："当今的世界被政治、道德、伦理、各种制度所支配，人所能够获得的只有物质。但是，关怀天命返回地则不同，在这里获得的东西是'新现象'。这种新现象（事件），其实就是人们移动身体继续制造事件的'延续'。'延续'是每个人都要做的事情，是每个人所共有的东西。我们希望人们在关怀天命返回地，认识和完成各自的'延续'"。[7]

2）横滨港大三桥国际客运航站楼（图 2.110）：平缓丘陵地般的地面设计想说明什么呢？外国人建筑事务所（foa）[注6]的设计师作了如下描述："从历史上看，建筑与城市设计是两个不同的系统。其一是合理主义，其二是有机性建筑。合理主义要求简单朴素的线条，而有机性建筑则具有模仿自然形态的倾向。我们的设计不是在模仿形状，而是在表现与自然相同的复杂形态。我们正在做的事情，不是在设计建筑，而是在培育建筑"。[8]

图 2.109　关怀天命返回地（岐阜县，设计：荒川修作、马德林·金斯，1995 年，摄影：柏原誉）

**图 2.110** 横滨港大三桥国际客运航站楼前的起伏地面
［设计：外国人建筑事务所（foa），2002 年，
摄影：吉村英祐］

虽然不一定充分理解设计师的设计意图，但是至少清晰地提示了从本质上思考人类社会和环境的重要性。

### 2.4.5 地面的组成与装饰

地面由结构层和装饰层组成，结构层作为建筑物的组成部分承受荷载作用，装饰层为人类的活动提供场地。有的建筑物直接将结构层作为人类活动场地所使用，而大部分地面则采取在结构层上铺设装饰层的做法。

木结构、钢筋混凝土结构、钢结构都可以作为结构地面。从目前的情况看，采用木材和钢筋混凝土居多。采用钢结构地面，通常的做法有：钢梁上铺设轻质波纹钢板、组装混凝土类组合板、铺设钢-混凝土组合楼板（压型钢板混凝土）等种类。地面的隔热性和隔声性是环境规划的重要因素。钢结构韧性好，相对于其他材料变形较大。采用钢结构的某小学，曾经发生过上层的振动和脚步声直接传到下层的设计失误，今后的规划中，对此需要引起足够重视。

装饰层的做法是，在木龙骨上铺设面板，面板上再铺炕席、地毯，或者在结构层上粘贴塑料制品、瓷砖等。

钢筋混凝土地面通常都是与主体结构整浇在一起。混凝土地面的表面通常凹凸不平，需要使用水泥砂浆抹平。面层可以直接粘贴塑料制品、瓷砖、石头制品，或者采用在面层上做地龙，其上铺设木地面的装饰做法。

结构层与装饰层之间的缝隙利用与顶棚类似，可作为布置管线、管道等设备空间和收容空间使用。架空地面（free access floor）是比较典型的设计案例。架空层可以布置暖气管，近年来兴起了布置空调管线的设计，此时的架空层就可以当作管道空间。

把地面布置为局部下沉式，可以达到坐在炕席上与坐在椅子的效果完全相同。这是一个特殊的使用方式，是日本传统的围坐式地面做法。确定地面的下沉高度，要注意与人坐在椅子时的腿高度相匹配。

屋顶绿化、阳台上种植植物等，要考虑好楼板承重和防水，同时剖面规划还要考虑与植被种类相适应的覆土深度和数量（图 2.111）。

在首层地面，有时于土层上直接作面层，称为素混凝土地面。这种做法与钢筋混凝土面层相同，底层采用素土或灰土[注7]夯实。在素混凝土地面上不用脱鞋，不铺设木板，多使用传统农家和町屋的进出入空间、厨房空间、农活空间等。生活在严寒地域的住家为了便于门前除雪和保暖，有意在玄关设置门斗[注8]、素土地面等区域。由于素土地面可以穿鞋活动，在内外空间联系上比较方便，现代住宅也常采用（图 2.112）。现在的素土地面大多粘贴瓷砖、石头、砖瓦等饰面材料。

在欧洲，几乎是在穿鞋状态下使用建筑物内部空间，公共建筑地面大多选择耐磨材料。铺设石材和马赛克是宗教等标志性建筑物传统、独特的装饰施工工艺（图 2.113），至今还在发扬光大。另一方面，在住宅、宫殿等居住建筑地面，更加注重其居住性，采用弹性、保温性较好的板材。

必要时铺设地毯，提高抗振动性和隔声性。欧洲的地面设计无论是采用马赛克还是地毯，都能以展现精美的图案为特征，成为其内部空间设计的重要因素。

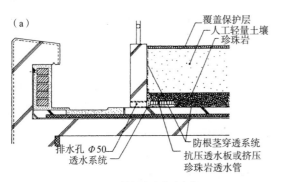

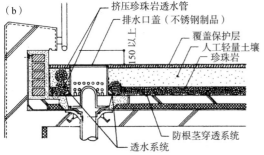

**图 2.111** 屋顶花园剖面（丰田幸夫）
（a）通常的排水剖面；（b）全屋顶覆土时的排水剖面[15]

**图 2.112** 活用在现代的素土地面空间（琉璃溪山房，设计：柏原士郎，2001年）

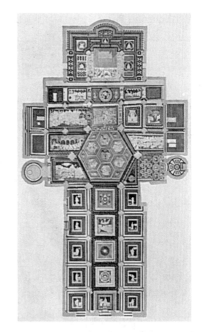

**图 2.113** 锡耶纳教堂的马赛克地面设计

# 参 考 文 献

1) 芦原義信：続・街並みの美学，岩波書店，1983

2) 岡田光正：空間デザインの原点，理工学社，1993

3) C.アレグザンダー：パターン・ランゲージ，鹿島出版会，1984

4) 芦原義信：街並みの美学，岩波書店，1979

5) 吉村英祐ほか：併設された階段とエスカレーターの選択行動に関する研究，日本建築学会近畿支部研究報告集，No.41，2001

6) 鏡由実ほか：併設された階段とスロープの選択行動調査に基づく利用されやすいスロープの条件に関する研究，日本建築学会近畿支部研究報告集，No.39，1996

7) 新建築，Vol.70，No.11，1995

8) 新建築，Vol.77，No.7，2002

9) 岡田光正ほか：建築計画2（新版），鹿島出版会，2003

10) Henri Stierlin：Encyclopaedia of World Architecture 2, Office du Livre, 1977

11) Werner Blaser：Mies van der Rohe, Verlag fur Architectur, 1965

12) 新建築，Vol.51, No.13, 1976

13) ロバート・キャメロンほか：パリ空中散歩，朝日新聞社，1987

14 ) Eurico Guidoni : Primitive Architecture, Harry. N. Abrams, 1978

15 ) 彰国社编 : 環境・景観デザイン百科, 彰国社, 2001

16 ) 日本建築学会编 : 建築設計資料集成 4「单位空間 II」, 丸善, 1980

17 ) 日本建築学会编 : 建築設計資料集成 3「单位空間 I」, 丸善, 1980

18 ) 水野克比古 : 座敷歳時記, 京都書院, 1988

19 ) 川本三郎 : 映画の昭和雑貨店, 小学館, 1994

注1 楼面荷载（kg/m$^2$）：根据房间类型取不同的荷载值。如：住宅的居室、医院病房等为 180 kg/m$^2$，办公室、店铺、有固定坐席的剧场等为 300 kg/m$^2$，教室为 230 kg/m$^2$，汽车库、汽车通道为 550 kg/m$^2$ 等。在这里需要关注的问题是，房屋的用途并不是固定不变的，设计时要适当考虑房间用途改变的可能性。还有，住宅的居室放置书架、钢琴等重物时，应该适当增加楼面荷载取值。

注2 智能大楼：美国联合技术公司，于 1984 年 1 月完成了租赁式办公大楼——城市新闻大厦建设，把该大楼作为智能大厦第一号出售。由此，智能大厦的名称开始普及。在美国，智能大厦必须具备的功能包括：可自动控制空调、节能、安保监控系统，可进行卫星通信和视频电话的远程通信系统，办公自动化系统，可获得外部信息和数据处理的商务自动化系统等。不过在日本，智能大厦不仅限于租赁式，只要是达到高度的办公自动化以及利用电脑控制节能装置的大楼，都被当作智能大厦。

注3 无障碍对策：为了防止水的进入，浴室和更衣室之间通常设置高差或者陡然抬高开口部高度。但是，站在无障碍立场上看，要避免设置这种高差或者避免陡然抬高高度的做法。这种场合需要考虑既可以满足无障碍要求，又可以防止水进入的对策。

注4 1999 年 6 月 29 日，九州地方的北部地区突降暴雨，距博多车站东北约 300m 的御笠川河水暴涨，周围 132hm$^2$ 土地被淹没，造成福冈市部分街区重大自然灾害。博多车站周边积水深度达 1m，造成困在大厦地下室的一名员工溺水死亡。

注5 援引东京都老年人医疗中心的林泰史院长的话（朝日新闻，2004 年 5 月 12 日）

注6 foa：是外国人建筑事务所的简称。该事务所由西班牙建筑师阿雷汉德罗・扎拉美波罗和伊朗建筑师胡阿贺希德・穆萨维共同创建。

注7 灰土：夯实土的简称。灰土由红土、石灰、沙子拌合而成，注水搅拌时加入一定量的卤水（摘自国语大辞典，小学馆分册）。

注8 门斗：为了防止室内外空气的对流，设置在频繁使用的玄关门口区域的缓冲空间。可以有效防止室内温度的急剧变化。

# 3

# 环境要素与建筑设计

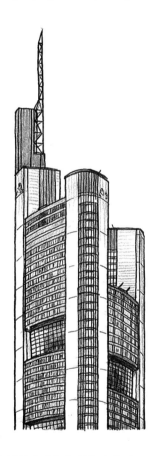

位于德国法兰克福的商业银行总部大厦（1997 年），是建筑师诺曼·福斯特设计的超高层生态建筑。

大厦平面呈柔和三角形，每层由两个办公层和一个庭院层组成，4 层高的庭院在中厅相互交织在一起，并且直通到建筑物顶层，使面向内侧的办公区域也能采光和吸入新鲜空气。所有办公区域均设置手动开启窗户，与以往的办公大楼相比，节约一半以上能源。

## 3.1  光线与建筑设计

### 3.1.1  自然光线与阴影
#### a. 光线

人类从视觉中获得许多信息。光是传递信息的媒介，没有光我们什么都看不见。我们通过光产生的阴影轮廓辨别物体的形状和颜色。

光在建筑空间同样是重要因素。在建筑规划中，应当区别对待白昼光和人工照明。白昼光源自太阳，主要由太阳直射光和散射光（太阳光通过大气层时被散射的光）组成。白天，通过窗户等开口部把白昼光引入建筑物内，满足室内照明需求就是白昼光照明。

优秀的建筑设计大多巧妙利用开口部的采光来创造印象深刻的建筑空间。尤其在宗教建筑，采光设计富有象征性。都是利用不同的采光效果来营造庄严的氛围或者所要达到的预期形象。

另一方面，太阳光促进动植物的发育和维他命的生成。同时促使人体产生对时间感觉的心理性作用，对人体带来舒适感。

每天随时间变化的光线会对人类产生各种心理作用。例如：清晨的浅黄色光线会提高人们的活动意愿；白天的青白光线会使人适度紧张和注意力集中；傍晚的带有红色色彩光线，会使人心情平静和舒畅。

#### b. 采光规划

保证适当的采光，是建筑设计基本条件之一。根据房间用途，必须做好缜密的采光规划。

采光规划也可以认为是对窗户等开口部的规划。采光以外，开口部规划除对室内的热环境、节能的影响很大。对室内通风、眺望、视线、私密性、防范、防灾等问题也不能忽视。规划开口部必须综合考虑这些复杂因素。例如：考虑节能问题时，应积极扩大利用自然采光，尽量降低人工照明电力负荷。但是开口部太大会带来室内外热交换速度加快，导致空调负荷增加，反而得不偿失。

还有，不同地域、不同季节、气候、不同时间段、不同角度，太阳光的变化幅度比较大，这一点在规划时也不能忽视。在日本，为了遮挡夏季的阳光直射和取得冬季的灼热阳光，每个住家的南侧开口部大多设置门斗或者突出一段房檐（参见图3.58）。在房屋南侧种植松树也能起到相同的作用。

建筑基准法对房间面积的采光率做了具体规定，以保证住宅、学校、医院等建筑房间的采光。

#### c. 采光方法

从开口部的位置上看，除了墙壁上设置的目视高度前后高度的窗户以外，还有高窗、天窗等采光方式，各有利弊。

侧窗的单面采光通常具有：①不产生桌面反射眩光（光线碰到桌面或墙面反射时会使人产生眼前漆黑的现象）；②光线的折射容易辨认物体；③视觉良好，有开放感等优点。其缺点是，照度分布不均匀，有时房间里侧和死角的光照度不足。

侧窗的双面采光可以改善照度分布不均匀的问题。但是因主视线有两个方向，容易使人从心理上丧失稳定感。

在高窗（顶侧窗）采光方式中，北侧采光可以避免直射光的影响，光线比较稳定，光照度的变化也不大。图3.1（京都府相乐郡国立国会图书馆关西馆，设计：陶器二三雄，2002年）表示，锯齿形屋顶的水平面采用绿化，垂直面设置侧顶窗，光线可以照射到位于地下的阅览室。

天窗采光，光照度分布比较均匀，且不受相邻建筑物的影响。不过外界的可视性比较差，开放性欠缺。

在美术馆、博物馆等展示空间，由于直射光随气候、时间发生变化，光线中的紫外线会对展示作品带来伤害，橱窗玻璃反射会带来眩光，因此多采取人工照明方式。梅尼尔珍藏品美术馆（图3.2，设计：伦佐·皮亚诺，1986年）设置叶片式天窗，把直射光改变为间接光，很巧妙地创造出光照度均匀的建筑空间。

图 3.1　侧顶采光

图 3.2　自然采光之光线扩散装置

### d. 光线调整

一般来说，要保证适当的自然采光，需要对采光进行必要的控制。最为常见的控制方法是设置卷帘或者遮帘。

设置帽檐或者遮阳篷除了可以调节光线以外，还可以防止室内外的热对流，大幅度降低空调负荷（参照 4.3a.1 条）。

对于与建筑成一体的遮阳棚，勒·柯布西耶设计的马赛公寓的阳光、微风之阳台处理手法很有名（图 3.3）。

### 3.1.2　光线设计

采光是指为建筑物内的人类活动提供照明的实用性概念，不过光的作用并不局限于此。恰当利用光线和投影可以获得印象深刻的空间效果。这就是所谓的光线设计，可以说是建筑设计的重要因素之一。

在这里，主要以白昼光设计为例加以阐述，自然也多少牵涉到人工照明设计。

### a. 象征性光线

为了强调空间的象征性，宗教建筑的采光常常做成暗淡的空间色彩。

万神殿（罗马，公元 120 年前后，参见图 2.66）是半球形圆顶内径长达 43m 的古罗马时代神殿，是当时罗马具有代表意义的祭奠神灵之地。在半球形圆顶顶部设有采光孔，从孔中射进来的光线

随时间在墙壁上移动，显得非常神幻莫测。

另一方面，阳光教堂（图 3.4，茨木市，设计：安藤忠雄，1989 年）是用混凝土打造的现代式小型教堂。这座几乎没有内部装饰的禁欲主义者空间与万神殿形成鲜明的对照。尽管如此，从正面墙壁上的十字形缝隙中影射的光线给予人们某种强大的力量。

### b. 洋溢在建筑物内部的光线

同样是教会建筑，有的教堂却设计成可容纳 4000 人的大玻璃窗建筑空间（美国加利福尼亚州，设计：飞利浦·琼森、约翰·巴吉，1979 年），使得建筑物内部阳光明媚。

蛇纹型画廊展厅（图 3.5，伦敦，设计：伊藤丰雄，2002 年）是一座展厅兼作咖啡厅的临时建筑。墙体使用钢板制作成厚度 550mm 的复杂结构组合体。从结构组合体缝隙中射进来的光线犹如从树叶间隙射进来的阳光，为坐落在公园里的展厅增添更加和谐的气息。

图 3.3　阳光、微风

图 3.4　阳光教堂

图 3.5　蛇纹型展览厅

图 3.8　本福寺水御堂

### c. 透射光

图 3.6 所示，日本传统拉门的表面一般都粘贴日本式纸张。直射光透过拉门以后变得非常柔和，可以照亮房间深处。

图 3.7 表示，把透射光原理运用到现代建筑设计的印象比较深刻的案例（丰田市，设计：谷口吉生，1996 年），在其他现代建筑中也经常被采用。不过，作为日本式纸张的替代品，多采用乳白色磨砂钢化玻璃。

### d. 经过格子的透射光

格子窗可以防范和阻挡视线，很早就开始广泛采用。图 3.8 所示的格子窗（兵库县，设计：安藤忠雄，1991 年）利用透射光表现特殊的室内光线效果，把格子涂成朱红色，光线经过格子窗时，整个房间充满红色。

有的设计利用玻璃表面的不同图案，表现更加丰富的建筑室内空间表情。如图 3.9（饭田市，设计：妹岛和世、西泽立卫，1999 年）。

如图 3.10 表示，也有在开口部使用金属多孔板或者金属网来展现光线的设计手法，也都属于运用透射光原理的设计范畴。

图 3.9　饭田市小笠原资料馆

图 3.10　利用金属多孔板作为屏幕的案例

图 3.6　经过拉门的透射光 [9]　图 3.7　丰田市美术馆

### e. 移动式调光装置

利用可移动式屏幕控制光线的设计手法很多。日建设计的东京大厦（参照图 4.25）外墙设置可调节式屏幕，屏幕可以上下移动，建筑物的正面变化非常生动。

法国国会图书馆（图 3.11，巴黎，设计：多米尼克·佩劳特，1994 年）在内墙设置可转动式木板来调节室内光线。可转动式木板不仅可以调节室内光线，而且通过墙面的木板转动展现生动的建筑室内空间。

还有阿拉伯世界研究所（图 3.12，巴黎，设计：让·努维尔，1987 年）的窗户，设置多组类似于相机光圈调节的电动式装置。该装置设计参照阿拉伯特有的几何学文字（阿拉伯式花纹），其调光手法非常独特。

综上所述，可移动式调节光线装置不仅有手动式屏幕移动装置，而且还有利用电脑控制的与日照变化相对应的高级自动控制系统。

### 3.1.3 室内照明
#### a. 人工照明

人工照明是相对于白天自然照明的用语，主要采用电灯等人工光源达到采光目的。白天的自然照明随气候、时间、到窗户的距离和位置等的变化，对室内产生不均匀的光照度，有时会影响工作。当室内光照度不足时，就要采用人工照明来补强。此外，没有夜间的人工照明，现代人的生活恐怕不成立。

人工照明始于明火，自 1879 年发明白炽灯以后，人类进入近代人工照明时代。1940 年前后出现了荧光灯，截至目前，人类可以使用水银灯、金属灯、高压蒸汽钠灯等各种光源（表 3.1）。最近开发出的高亮度白色二极管灯（LED）已经进入实用化阶段。白色二极管灯具有高效、低耗、寿命长等特点。

#### b. 色温度与调色性

色温度是表示光线颜色的最简单的方法。光线颜色可以用其度或者与该色度接近的完全放射体（黑色）的绝对温度表示（单位名称是开尔文，用 K 表示）。K 值越低，紫色光含量就越多，温度也就越高。反之，K 值越高，蓝色光含量就越多，温度也就越低（表 3.2）。如图 3.13 所示，人类通常光照度较低时，喜欢色温度低（暖和）的光源，而光照度较高时，则喜欢色温度高（低温）的光源。

物体受到不同光源照射时，其表面的颜色也不同。这种颜色的认识方式被称作物体的调色性。用平均调色评价系数 Ra 表示。Ra 的最高值为 100，光源越低，Ra 的颜色再现性越差。美术馆

**图 3.11** 法国国会图书观

**图 3.12** 阿拉伯世界研究所

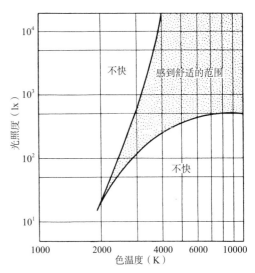

**图 3.13** 光源的色温度与舒适光照度之间的关系[4]

| 光源种类[11] | 白炽灯 | 荧光灯 | 水银灯 | 金属等 | 高压蒸汽钠灯 |
|---|---|---|---|---|---|
| 容量（W） | 10 ~ 1000<br>通常<br>30 ~ 200 | 预热启动型<br>4 ~ 40<br>快速启动型<br>20 ~ 220 | 40 ~ 20000<br>通常<br>40 ~ 2000 | 300 ~ 400 | 250 ~ 1000<br>通常<br>250 ~ 400 |
| 效率（lm/W） | 较差<br>15 ~ 20 | 较好<br>60 ~ 85 | 较好<br>40 ~ 60 | 好<br>70 ~ 95 | 很好<br>90 ~ 120 |
| 寿命（h） | 短<br>1000 ~ 1500 | 长<br>7500 ~ 10000 | 长<br>6000 ~ 12000 | 长<br>6000 | 长<br>9000 |
| 调色性 | 好<br>红色略多 | 好<br>改善后的调色性优良 | 较好<br>改良型与普通荧光灯类似 | 好 | 略微好 |
| 成本 | 设备费用低<br>维护费用较高 | 比较便宜 | 设备费用低<br>维护费用较低 | 设备费用低<br>维护费用较低 | 设备费用高<br>维护费用低 |
| 使用 | 方便 | 比较方便 | 一般 | 一般 | 一般 |
| 适用范围 | 所有照明 | 一般照明<br>特殊照明 | 室内高顶棚照明<br>室外照明 | 有高顶棚室内、室外调色照明要求 | 室内高顶棚照明<br>室外广场 |
| 其他 | 亮度高<br>属于点式光源 | 亮度低<br>效率随周围温度变化 | | | |

表 3.1

光源的色温度与颜色的认识方式[5]　表 3.2

| 光源种类 | | 色温度<br>（K） | 光源颜色认识方式 | |
|---|---|---|---|---|
| 白天自然光 | 人工光源 | | | |
| 蓝天光（北侧） | | 12300* | 蓝色 | 低温 |
| | | 6500 | | |
| 云天光 | 自然光色荧光灯 | 6250** | 带蓝色 | |
| | | 6100 | ↑ | |
| 直射光（顶部） | 氙气灯 | 5250 | | |
| | 荧光水银灯 | 5000 | 白色 | 适中 |
| | 白色荧光灯 | 4500 | ↓ | |
| | 金属灯 | 4300 | 带红色 | |
| | | 3500 | | |
| | 柔和白色银光灯 | 2800 | 红黄色 | 暖和 |
| 直射光（地面） | 白炽灯 | 1850 | 红色 | |

* 中间值（6200 ~ 30000k）.** 中间值（4600 ~ 9700k）

等建筑要求再现正确的颜色，因此采用 Ra 值达到 99 的高调色荧光灯。

#### c. 照明规划

不同的光源具有不同的效率、寿命、调色性、价格。聚收光源的照明器具也有不同形状、配光特点等许多不同种类。需要根据其目的和条件选择和配置合适的光源。

即便是白天，全部房间未必一定要求均匀照明。要根据不同需求详细划分全体照明和局部照明（图 3.14）。

使用人工照明当然可以不考虑自然采光。但是，从节能观点出发，尽量多采用自然采光，采光不足的地方补充人工照明为宜。

不同的工作内容和不同位置的房间，所需的光照度也不尽相同。以办公大楼为例，推荐采用的光照度为：做细微作业的办公室和制图室等处，所需光源光照度要求 1500lx 以上；一般办公室、会议室、领导办公室等处，所需光源光照度要求

图 3.14　全体照明与局部照明 [10]

图 3.15　各种照明器具

自上左依次为：吊灯、吸顶灯、聚光灯、镶嵌灯、垂挂灯、
壁灯、台灯、落地灯、庭院灯、室外用电灯

750lx 以上；接待室、餐厅、咖啡休息室等处，所需光源光照度要求 500lx 以上；走廊、楼梯、卫生间等处，所需光源光照度要求 500lx 以上。

　　荧光灯具有节能、寿命长的特点，其调色性也比较好，广泛使用在办公、购物等场所。而白炽灯具有略微昏暗的黄色光，比荧光灯更加容易营造温暖氛围，比较适合用于住宅、老年人公寓等生活设施以及饮食餐饮店等服务设施。欧洲的住宅大多使用白炽吸顶灯或者白炽吊灯，很少使用荧光灯。而在日本的大多数住宅使用荧光灯成为主流。

　　也许在日本人多少存在拒绝黑暗房间的心理，认为室内还是明亮的好。不过，谷崎润一郎在《阴翳礼赞》一书中，强调决不能否定"阴暗"，要求重新认识"阴暗"。人的视觉是依据明与暗的差别来感觉亮度，想要适应周边的光环境，必须营造相对的亮度。通常以阴暗为基准，当光照度提高 3 倍时，人的视觉才能分辨明与暗的差别。所以不要一味地提高光照度，要巧妙搭配明与暗，提高照明规划效果。

　　24 小时便民店的照明彻夜通明。从节能角度看，不分白天黑夜使用相同光照度，未免过于浪费电源。在深夜接受强烈的照明，会扰乱人体的生物时钟，未必是健康的工作和生活环境。

### d. 照明器具种类

　　人工照明用照明器具从位置、形状看，可以分为很多种类。图 3.15 表示常用的具有代表性的照明器具。在顶棚悬挂起来的叫作吊灯，吸顶灯、镶嵌灯、垂挂灯等都依附于顶棚。挂在墙壁上的灯具叫作壁灯。台灯、落地灯等是可移动式照明器具。

### 3.1.4　城市照明与夜景
#### a. 景观照明

　　建筑物的外部形象在白天和夜晚差别很大。白天的建筑物多以天空为背景，建筑物的墙体矗立在空间中，夜晚的建筑物与背景成一体，只有亮灯的窗户映入人们的视觉中。建筑物内部放射出来的灯光和街边路灯共同组成城市照明。

　　不幸的是，在日本以为通亮的城市才是发达国家的象征，经历了较长时间的公共照明等于道路照明的年代。不久出现了不局限于满足照亮城市的华丽的景观照明。[2]

　　提起景观照明的作用，或许可以提到以下三点[1]：

　　① 展现街道所特有的历史、风土、文化，提高城市形象；

　　② 明确道路等城市轴线，强调城市的方向性；

　　③ 伴随季节和时间变化，赋予城市与时俱进感。

　　以下具体分析景观照明的案例。

　　在建筑物的外墙上布置照明器具，展现建筑魅力的手法，是夜景设计手法之一。历史性建筑物外墙壁的装饰较多，可以通过投射光线强调阴影的凸显，投射光效果明显。因此经常被选作夜景布置对象（图 3.16）。

如图 3.17（东京都，设计：伦佐·皮亚诺，2001 年）所示，建筑物外墙上的大型玻璃块在夜间通过建筑物内的照明通亮整个建筑外墙。该建筑物坐落在夜光闪耀的著名繁华街，给人的印象非常深刻。

在城市中，各家店铺的沿街玻璃橱窗照明也是夜景的重要组成部分。

明石海峡大桥（图 3.18）在震灾纪念日、不同季节、周末节假日，随时间变换照明图案，赋予城市时间感觉。在主悬索上布置红绿蓝三种颜色照明，变换点式图案，可以获得多种色彩组合。

### b. 照明的欣赏娱乐性

神户发光体，是为了纪念在 1995 年 1 月阪神·淡路大地震中遇难的灵魂以及祈福城市的再生与复兴，于同年 12 月第一次在神户市举办的集会。在之后的每年圣诞节都要定期举办。参加集会者沉浸在数十万只电灯的包围之中，欣赏迷人的灯光艺术（图 3.19）。

此外，在京都的立秋旅游季节，若干寺院举办夜间拜谒活动。在寺院中布置各种照明，营造

图 3.19　神户发光体

与白天截然不同的梦幻般的氛围。庭院里的投光器具与通常建筑物的投光照度相比，尽管很黯淡，但是由于周边是黑夜，也能达到非常好的效果（图 3.20）。

### c. 路灯

路灯除了具有指路功能以外，还具有安全、防范的功能。因此，其照度必须满足可视性。

新城等地的住宅区以路灯和门口灯作为主要的指路灯。总的来讲，其数量偏少，而且存在防范不利的问题。从住宅内部流露的灯光对行人来说安全感倍增，同时也有利于住宅本身的防范。通常水平光照度为 50lx 时，可以认清 10m 开外人的面部和举动。当水平光照度为 3lx 时，可以看清 4m 开外的人的举动。大阪府千里新城的独立式住宅区，路灯下的光照度只有 3lx，周边区域的平均光照度只有 0.2lx，其安全、防范性存在较大问题。图 3.21 所示的住宅，夜里房间的灯光透过半透明窗帘流出室外，为周边提供安心感。

此外，欧美的商店街在夜间和节假日通过陈列在橱窗的商品投射光，提高夜间生活的便利和安全性。反观日本，商店关门以后，连橱窗也一起关闭，成为完全封闭状态，降低了路边和商店街的亮度，夜景也多少受到影响。大阪府千里新城的商业中心专卖店街的光照度在自动售货机附近不足 1lx，属于非常黑暗状况。图 3.22 所示的设施位于新城的商业中心附近。每到没有人气的夜间，总是照亮中心附近周围，为马路安全作贡献。

图 3.16　使用投光器具照亮的建筑物（伦敦）

图 3.17　麦森·赫尔摩斯

图 3.18　明石海峡大桥[8]

**图 3.20** 青莲院的夜间拜谒

**图 3.21** 阪田小屋
（神户市）

**图 3.22** 南瓜之家
（吹田市）

## 参考文献

1 ）　日本建築学会：建築・都市計画のための空間学事典，井上書院，1996
2 ）　中島龍興ほか：照明デザイン入門，彰国社，1995
3 ）　芦原義信：続・街並みの美学，岩波書店，1997
4 ）　日本建築学会編：建築設計資料集成1「環境」，丸善，1978
5 ）　日本建築学会編：建築設計資料集成「人間」，丸善，2003
6 ）　池邊陽：デザインの鍵—人間・建築・方法—，丸善，1979
7 ）　建築術編集委員会編，建築術2空間をとらえる，彰国社，1973
8 ）　(財)海洋架橋調査会編：本州四国連絡橋，(財)海洋架橋調査会，1999
9 ）　Henry Plummer：Light in Japanese Architecture，エー・アンド・ユー，1995
10）　日本建築学会編：建築設計資料集成「総合編」，丸善，2001
11）　伊藤克三ほか：大学課程建築環境工学，オーム社，1978

## 3.2　声音与建筑设计

### 3.2.1　音响

#### a. 音响设计的作用

与光一样，声音也在传递各种信息过程中发挥着重要作用。消防车的警笛声、车站里的播音等自然无须提及，收听音乐、进行会话也都以声音作传媒时才能成立。

另一方面，也存在噪声等不希望出现的声音。当然，判断是否为噪声，与当时的具体状况、每一个人的爱好有很大关系。躁动的声音未必就是噪声，即便是细小的声音，当它是不希望听到的声音时，也会成为噪声。

音响设计作为建筑规划的内容之一，如何在建筑空间获得适当的音响效果，音响设计起着非常重要的作用。

音响设计与房间以及房间的使用方式有关，一般依据以下四个条件：

① 要求房间安静；

② 不对周围环境产生噪声或振动等影响；

③ 要求室内的回响效果良好；

④ 要求音量适中，可以清楚收听。

对音响设计要求高的建筑物有剧场、大厅、录音室，以及集合式住宅、旅店、医院等居住系列设施。除了上述建筑物以外，要求音响设计的范围正在逐渐增多。

#### b. 声波与音色

人类可以听到的声波频率为 20 ~ 20000Hz。低于此声波频率的声音称作超低声波，高于此声波频率的声音称作超音波。普通的 88 键钢琴，键盘左侧的"六声（啦）"音频率最低，为 27.5Hz；"一声（道）"音频率最高，为 4200 Hz。人相互进行会话时的声音频率为 250 ~ 3500Hz。

声音传播随时间的波形变化可以用图形表示。最单纯的声音波形是正弦波形 [图 3.23（a）]。不过，自然界几乎不存在单一的正弦波形声音。通常的声音都是若干正弦波形的合成音。某一个

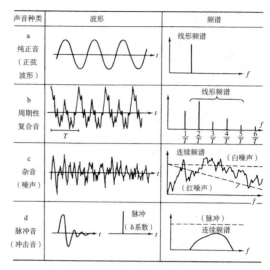

**图 3.23**　基本声音的种类 [4]

声音属于哪一个正弦频率并且拥有的程度是多少，可以使用频谱（频率特性）表示。

乐器的声音同样也是若干正弦波形的声音合成音。乐器的声音由基本正弦频率音（基音）和整数倍数正弦频率音（倍音）组成。不同的基音和倍音组成构成乐器特有的声音。小提琴和钢琴的音波波长相同，但也能分辨两种乐器的声音，这是因为两种乐器的声音频谱不同 [图 3.23（b）]。

噪声（杂音）的特点是，拥有很多不同频率的声音，没有周期性反复，波幅变化混乱没有规律。在自然界存在最多的声音是脉冲音（冲击音）等声音，其特点是发生时间极为简短。

#### c. 声音的反射、曲折、折回

与光线一样，声音也有反射、曲折、折回等现象。

当声音遇到比其波长大很多的刚性面时，会发生反射现象；当声音遇到不同传播媒质时，会发生曲折现象。例如：大晴天的白天，地表附近的温度高于空中温度时，在高温处快速传播的声音进入空中以后会发生向上曲折，在地表附近产生声音传播不到的影子区域（图 3.24 中的 1）。到了晚上，声音的曲折方向正好相反（图 3.24 中的 2）。因此，白天因存在建筑物等阻挡物而较难听见的声音，到了晚上有可能听见。

此外，声音在传播途中遇到障碍物时，声

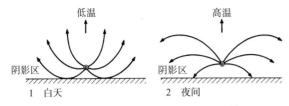

图 3.24 声音在不同温度区域的曲折[5]

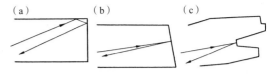

图 3.25 容易发生回声的墙壁反射面[4]
（a）面向声源，墙壁的反射与声源成直角的场合；
（b）面向声源，墙面的反射向内侧倾斜的场合；
（c）面向声源，包厢正面成为反射面的场合。

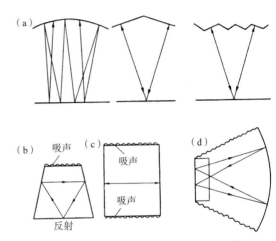

图 3.26 容易发生多重回声的房间形状[4]
（a）具有反射性的平坦地面与声音可以集中的反射性顶棚形状；（b）面向具有反射性的倾斜墙壁；（c）设置前后墙壁吸声时的，侧壁之间的反射；（d）后墙壁为内凹曲面的场合。

图 3.27 私语的长回廊（左）和声音的聚焦点（右）[3]

音会绕到障碍物的背后。这种现象被称为声音的折回。

#### d. 声音的特异现象

① 回声：是指听见直接声音以后，从反面还能听见声音的现象。面对直接声音的反射声音较大或者时间延迟越长，容易发生回声。通常时间延迟达到 1/20 秒（传播距离相差 17m）以上时，会发生回声。发生回声时，会话的纯正度显著降低，演奏音乐较为困难。这种现象最为值得注意（图 3.25）。

② 多重回声：是指发出较短声音时，声音在特定的墙壁、地面、顶棚间产生多重回声并残留颤抖、清澈声音的现象。日光东照宫药师堂的多重回音很有名气（图 3.26）。

③ 私语的长回廊：声音沿着大型内凹曲面传播时，会产生反复反射现象，窃窃私语也会清楚地传播到很远的地方。圣保罗大教堂（伦敦）的大圆顶回廊的声音反射现象非常突出。还有位于意大利西西里岛的古希腊时期关押俘房的洞穴，也有类似的声音反射现象，被当地称作"狄俄尼索斯耳朵"（狄俄尼索斯是希腊神话中的酒神），据传说，该洞穴作为窃听俘房的秘密使用（图 3.27 左）。

④ 声音的聚焦点与死角：是指当声音到达圆顶内侧反射面时，反射音会聚集在内曲面的焦点附近，距焦点有一定距离的地方，声音变得非常小的现象（图 3.27 右）。

上述声音的特异现象，通常都会成为音响不利面，设计时必须引起足够重视。

### 3.2.2 音响设计实践
#### a. 剧场、大厅

剧场、大厅等建筑特别重视音响效果。这些建筑物种类繁多，规模各不相同，需要具有针对

性的音响设计。歌剧院、音乐厅、多功能厅、报告大厅、电影院等都属于此类建筑物。音响的好坏对剧场的评价非常重要，必须引起足够重视。

剧场等建筑物所要求的音响条件，通常有以下 5 个方面：

① 所有部位均能得到较大的音量；

② 音量要均匀分布；

③ 声音停留时间与该房间用途匹配；

④ 避免产生多重回声；

⑤ 避免产生不必要的噪声。

要做到音量均匀分布，可以采取音源周围设置反射性强的材料，以加强声音。而在后墙上铺设吸引性强的材料，以避免产生回声 [ 这种方法称作生死法（live end dead end）]。而对顶棚和侧墙体，要求反射一次声音，以加强观众的听觉效果，这就需要细致考虑各部位的声音反射面、扩散面的位置和角度以及形状（图 3.28、图 3.29）。

最佳的声音停留时间随演出内容的不同而不同。演奏音乐时，声音的停留时间越长其效果就越好。进行演讲时，声音的停留时间过长其音质效果下降，所要求的声音停留时间略微短一些

图 3.28　保证一次性反射音的房间形状[1]

图 3.29　侧墙面的声音扩散体[1]

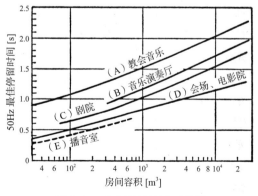

图 3.30　声音的最佳停留时间[3]

（图 3.30）。音乐厅要达到足够的声音停留时间，至少具备一个观众席 10m³ 左右的内部空间体积。

从古至今，在世界各地，相继建造了各式各样的剧场，以下介绍其中的一部分。

古希腊时期，利用山体和丘陵的斜坡，建设了若干研钵状露天剧场。多亏研钵状的形状，尽管有的剧场容纳数万人，即使没有借助扩印设施，声音也能清楚地传到上部最远处（图 3.31，古希腊剧场，公元 330 年前后）。

19 世纪的欧洲建设了许多长方形音乐厅，被称为鞋盒形（shoe box）剧场。作为维也纳爱乐乐团常年演出和维也纳新年音乐会举办场地的维也纳金色音乐大厅（图 3.32，1870 年）就是其代表作。音乐厅的音响效果堪称完美。

鞋盒形音乐厅，两侧墙面呈平行线，音响效果较为突出。因大厅跨度和坐席数量受到制约，其坐席数量通常限制在 1800 席以下。

进入 20 世纪以后，音乐厅的设计逐渐摆脱鞋盒形长方体，呈现出崭新的设计形式。柏林爱

图 3.31　古希腊时代剧场

图 3.32　维也纳爱乐音乐厅（摄影：金濑胖）[10]

乐音乐厅（参见图 2.9，1963 年）采用葡萄园梯阶式空间构成，展现新型音乐厅舞台和观众席的布局方式。这种布局用观众席把舞台包围在中间，也叫作五角型布局。从视觉上看，这种布局的舞台和坐席成为一体。悬挂在舞台顶部的浮云般反射板很好地传播一次性反射音。音响设计独具匠心（图 3.33）。

多功能厅可以移动、转动声音反射板来调节声音停留时间，以适应不同的使用目的。使用扩音装置为主的多功能厅，通常认为用于缩短声音停留时间，使用起来较为方便。

### b. 音乐工作室

音乐工作室的作用有播音和录音。录音的工作顺序是，先录音乐器声的正音，再进行人工加工，以分离乐器的各个音节为优先。因此，将录音室划分成若干区域，用隔断进行分割。整体上要求吸声性要好。

当空间比较小，呈正方体并且空间尺寸为正整数时，在低音区域有时候会产生嗡嗡的沉闷声音。

此外，为了隔绝外部声音的混入，采取① 加强气密性；② 做地面夹层；③ 切断身体与周围的接触等措施。把录音室设在地下也是很有效的方法。在住宅中规划音响间、卧室时，也可以采用这种方法。

### c. 会场、会议室

房间的反射音过大时，说话的声音不太容易听得到，有必要防止回声、多重回声的发生。除反射板区域以外，顶棚、墙面等部位粘贴多孔板等装饰性吸声材料。选择和布置内装材料很重要。

### 3.2.3　噪声与隔声

#### a. 噪声

噪声就是不希望听到的声音的总称。噪声的声源除了汽车、铁路、飞机、工厂等来自外部的声音以外，还有空调、电梯等建筑设备以及邻居的嘈杂声等来自内部的声音。为了防止噪声对人的生活带来恶劣影响，在充分了解其特点的基础上，采取适当的预防对策。

#### b. 噪声预防对策

防止噪声，可以采取以下四种方法：

① 音源：尽量选择噪声、振动较小的设备，尽量减少声源。这是最为重要的措施；

② 平面布置：把居室与设备间、电梯井等声源相分离，其间可以布置库房等不需要考虑噪声问题的房间。

③ 隔声：在声音的传播路径上，设置隔墙阻挡声音的穿透。在集合式住宅、旅店等建筑物的分户墙和地面，需要采用隔声性能好的材料和施工工艺。

④ 吸声：采用多孔板等吸声性能好的材料或共振器，可以有效吸收音量或者使音量得到衰减（图 3.34）。

除此之外，还有利用背景音乐消除噪声或者利用噪声的反相位音来消除噪声的方法。表 3.3 表示各个房间噪声容许值。

#### c. 噪声对策实例

在宾馆、住宅，防止走廊、隔壁房间、楼上等处传来的噪声显得非常重要。客房的安静程度可以代表宾馆的品位高低。走廊上铺设地毯，一方面显得优雅高档，另一方面可以防止其充当声

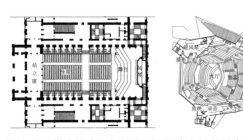

**图 3.33**　鞋盒型（维也纳爱乐音乐厅）与五角型（柏林爱乐音乐厅）平面比较（同比例压缩）[7]

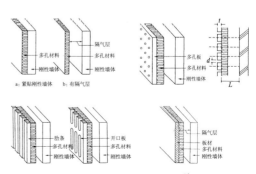

**图 3.34**　吸声构造做法[1]

室内噪声容许值[5)]　　　　　　　　　　　　　　　　表 3.3

| dB（A） | 20 | 25 | 30 | 35 | 40 | 45 | 50 | 55 | 60 |
|---|---|---|---|---|---|---|---|---|---|
| NC～NR | 10～15 | 15～20 | 20～25 | 25～30 | 30～35 | 35～40 | 40～45 | 45～50 | 50～55 |
| 程度 | | 感觉不到 | | 非常安静 | 不会引起注意 | 感觉有噪声 | 噪声不能忽视 | | |
| 对说话、打电话的影响 | | 距 5m 听见小声说话（3m 以内）打电话没有障碍 | | | 可以开 10m 范围会议（3m）可以通电话 | 一般对话 通电话略微困难 | 可大声对话 | | |
| 音响室 集会、大厅 医院 宾馆、住宅 一般办公楼 公共建筑物 学校、教会 商业建筑 | 不需要 | 播音室 音乐堂 听力试验室 | 广播室 剧场（中） 特别病房 | 电视播音室 舞台 剧场 手术室 病房 书斋 重要办公室 大会议室 公共会堂 音乐教室 | 主要调节室 电影院 诊疗室 卧室 起居室 接待室 美术馆 博物馆 讲堂 礼拜堂 音乐 茶室 珠宝店 | 普通办公室 天文馆 检查室 宴会厅 小会议室 图书阅览室 研究室 书店 工艺品店 | 大厅休息室 等待室 前台 普通办公室 公共会堂兼体育馆 普通教室 普通商店 银行 餐厅 | 普通办公室 室内体育设施 走廊 普通商店 食堂 | 打字室 微机房 室内体育设施 |

音的发生源。还有的高档酒店设置双重客房门。当然，还有不少宾馆存在房间隔声效果低、可听见隔壁房间物体搬动声音、门下缝隙大、走廊的脚步声大等问题。

经常看到集合式住宅中有关噪声纠纷的报道。在 2000 年制定的日本住宅性能标准中，为了保证住户的声音环境，对地面楼板、墙体的性能指标作了具体规定。

墙面上的开口部位，总的来讲不利于隔声。可以采用封闭式、多层玻璃窗（图 3.35）等形式，可以提高其隔声性能。当采用多层玻璃窗时，可以改变每片玻璃厚度，玻璃片之间最好做成相互有一个倾斜角度。[3)]

我们把 100Hz 以下的声音称作低频音，工厂、道路、铁路、飞机、空调机等都是低频音的发生源。超低频音使人产生厌恶的、难以入睡的心理性伤害和头痛、耳鸣、呕吐、眩晕等生理性伤害。必须采取措施加以防范。这些低频音经常伴随振动的发生，低频音和振动较难阻隔，必须从源头

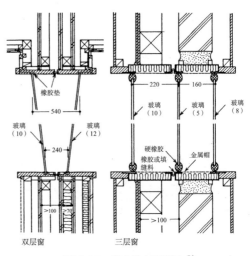

**图 3.35　窗户的封闭做法**[5)]

上找原因。对声音发生源采取必要的减少或者禁止措施（图3.36）。

### d. 设备间

首先，有必要对布置规划作研讨。作夹层也是降低震动的有效方法。入室门采用气密性高的防音门，可以提高隔声效果（图3.37）。此外，放置空调的台面有时也传播噪声，此时在台面内侧，可以粘贴吸声材料。

### e. 缓冲地带

为了防止公害，在噪声、煤烟等发生源周围设置的绿地，我们叫做绿地缓冲带。在干线道路、工业区周边设置绿地缓冲带，将大大缓解对周围住宅区的环境影响，效果良好。[6]

与住宅地相连的棒球场、网球场等体育设施，可以种植树木作为缓冲带。公园有时候会发生利用者的嘈杂声，未必拥有缓冲带功能。

### 3.2.4 各种声音的利用

### a. 休闲

收听喜欢的音乐来稳定情绪，谁都有过特意选择铿锵有力的音乐振奋精神的经验。声音不局限于音乐，巧妙地使用声音，对于振奋人的精神会起到很大的作用。

例如，喷水音、潺潺流水音，会长久回响在人的耳朵里。利用流水声音将容易变成无机状态的地下街，焕发出生机的方法常被运用（图3.38）。风铃的声音，让人感到一丝凉意。这也许是祖先们为了在炎热的夏天，哪怕是一点也好，设法过舒适日子的一种创意吧。

此外，水琴窟（图3.39）、添水（图3.40，利用水的声音吓唬来祸害庄稼的野兽的一种装置）

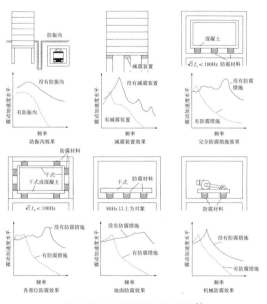

图 3.36 防震措施及其效果[1]

图 3.38 Harbis 大阪地下联络通道（大阪市）

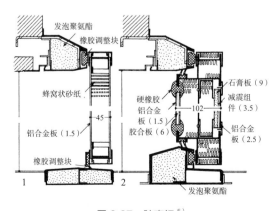

图 3.37 防声门[5]

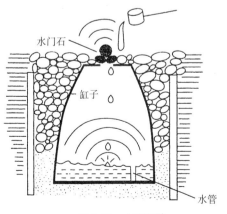

图 3.39 水琴窟[1]

**图 3.40** 添水[2]

等都是日本传统的运用声音的方法。水琴窟是利用落入缸中的水滴声在缸内的回响而发出细小动听的声音的装置。

噪声对每个人产生的影响是不同的。同样地，有的人在静静的空间更能集中精神；而有的人多少受到外部声音的影响或者听到 BGM 的声音时，才能稳定情绪。

### b.BGM

把特定对象声音以外的声音统称为暗噪声。BGM 具有隔断这种暗噪声的作用（声音隔断效果）。

在餐馆里流行的 BGM，试图隔断其他顾客的说话声音。但是，由于每一个顾客的喜好不同，如何选择音乐种类和音量大小，需要一些功夫。此外，吸声性能较差的餐馆采取 BGM 方式时，店内声音更加嘈杂，达不到预期效果。

### c. 信息传送

在十字路口、建筑物出入口等处，可以利用音乐引导视觉障碍者判别方向。这是利用音乐进行的信息传送手段之一（表 3.4）。声音传递信息与光传播信息相比较，其最大的不同之处在于声音可以比较容易折回到障碍物的背面，传递信息没有死角。从接受信息的角度看，视觉信息只能

**声音传递信息**[6] 表 3.4

| 时间提示 | 开始（结束）、路过、事件发生（结束）、时刻 |
| --- | --- |
| 空间提示 | 位置、方向 |
| 事件、状态提示 | 异常、正常、安全 |
| 反应提示 | 接受、判断 |
| 行动提示 | 禁止（回避）、允许、呼叫 |
| 其他提示 | 依据规则的所有信息 |

在视线够得着的方向才能接受，而且稍不注意，瞬间就会跑出视线。而声音的信息传递，即便声源在后侧或者无须特别注意，也能传到耳边。所以，发生紧急情况时，声音传递信息非常有效。发出紧急鸣笛声、警报声、车站广播等，都是使用声音传递信息的案例。

除了紧急情况以外，地铁车站利用短暂音乐提醒旅客列车的到站或者驶离时间；购物店在关闭店门之前，播放萤火虫声音告诫客人商店关门时间即将到来。顺便说一句，这种场合基本都不约而同地采用三节拍曲子，因为三步曲子通常传递不安定信息。

二条城二之丸殿堂走廊地面采用的木板，当人在其上行走时，会发出类似于鸟类的声音。叫作黄莺声地板，据称可以预防小偷、忍者的侵入。

### d. 声音风景

声音风景一词，来自声音（sound）和景观（scape）的组合词组，对应于目视风景（landscape），有听觉风景（soundscape）之意。这个词组是加拿大作曲家 R·默里·沙弗（R.Murray Schafer）于 20 世纪 70 年代创造出来的。声音风景所涵盖的范围很广泛，从自然声音、人类的活动声音、机器的转动声音、交通音、麦克风等实际存在的声音到记忆中的声音、实际不存在的形象声音等，均包含在内。特别是，声音风景着重声音在人类生活中所承担的作用和意义，刻画出地域的特性和潜在价值。声音风景在环境规划中广泛受到瞩目[9]。

影响声音欢快性的因素有很多，有些因素无法运用文化性、社会性因素的物理量来测定，但对声音欢快性的影响却很大。曾经以日本人和德国人为对象，做了 25 种声音的评价试验。其中的一项试验是对连续性钟声的评价，日本人听到连续性钟声时，容易与路口、火灾等联系在一起，感觉到有危险性。而德国人却认为钟声是让人欢快的声音，感觉很安全。[5] 也许德国人听到钟声会联想起教会所致的吧。还有日本人喜欢听金铃子等虫子的声音，这是由于日本人容易联想起风铃声，认为它代表季节风情。反观海外，却认为

是噪声而多遭到捕捉。

此外，在日本的车站站台、电车内，频繁进行各种介绍、安全等宣传广播，而在海外几乎看不到这种情形。

### e. 城市里的声音装置

布置在公共空间的公共设施，可以设置让人高兴的声音装置。经常看到行人和孩子们无意间听到的声音所吸引而止步。下面介绍若干应用案例：

① 在地下过道的墙上，安装乐器形状的装置，用手摸时，会发出各种乐器的声音 [ 图 3.41（a），现在已经看不到了 ]

② 钻入时，会流出爵士音乐的同时灯光熄灭 [ 图 3.41（b）]。

③ 乔治·劳兹的叮咚作品，由若干个球一边旋转，一边发出声音，就像钟表里的活动木偶，给予有趣的视觉效果（图 3.42）。

**图 3.41** 发出声音的墙壁和物体
（a）大阪的一处购物中心（大阪市）;（b）神户港岛八月广场（神户市）

**图 3.42** 叮咚（神户市）

## 参 考 文 献

1） 日本建築学会編：建築設計資料集成「総合編」，丸善，2001

2） 岡田光正：空間デザインの原点，理工学社，1993

3） 伊藤克三ほか：大学課程建築環境工学，オーム社，1978

4） 日本建築学会編：建築の音環境設計（新訂版），彰国社，1983

5） 日本建築学会編：建築設計資料集成 1「環境」，丸善，1978

6） 日本建築学会編：建築設計資料集成「人間」，丸善，2003

7） 日本建築学会編：建築設計資料集成「展示・芸能」，丸善，2003

8） 彰国社編：光・熱・水・空気のデザイン，彰国社，1988

9） R. M. シェーファー著，鳥越けい子ほか訳：世界の調律—サウンドスケープとはなにか，平凡社，1986

## 3.3 空气与建筑设计

没有空气，人类是无法生存的。新鲜空气可使身心重新振奋起来。传送花香的微微清风、风铃之声、可移动雕刻等，都是丰富舒适生活的、重要的空间表演因素。另一方面，对台风、风荷载等强风，对大气污染，对装修综合症，对缺氧症等的各种有害因素的处理措施，也是环境规划的重要课题。下面以在安全舒适的环境设计中占据重要位置的"风"为中心，叙述有关空气的话题。

### 3.3.1 自然风

风的特点是，可以确定其存在，但它是无形的。如同"明日有风"或者"任风吹"等处理方式，风展现出不确定的现象的意味很浓。在建筑相关领域，控制风有两个目的。其一是如何防止风，其二是如何利用风。在建筑设计中，大致分外部空间、建筑形态、开口部三个阶段来控制风的因素。

一般来讲，风接近建筑物时，建筑物的形状对风的影响很大。风向的变化也随着建筑物的形状受到不同影响。也就是说，风向的变化取决于建筑物的形状。通过调整建筑物的形状可以引导风向，获得预期的风向效果。特别是，风压系数与建筑物的外部形状有很大的关系。

#### a. 防风

屋子后面的植树林、防风墙、防风外部空间规划和建筑物形状规划，都属于建筑防风设计内容。传统日本民居，建筑物本身的气密性较差，主要依靠居间植树林和防风挡墙把居家围起来提高居住舒适度。如图3.43所示，调整建筑物形状可以缓解受风状态，甚至采取设置挡风间、提高门窗的气密性等方法，提高生活舒适度。图3.44表示依据缓和周边风力影响的规划概念实施的建筑设计。

#### b. 风的利用

利用风的主要目的就是，利用通风实现室内换气，提高人体的舒适感。日本的传统木结构房

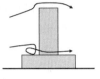

1. 加大并抬高底层高度

强风出现在底层上方，对行人等的风力影响显著降低。

2. 在建筑物底层设置大型雨篷

利用雨篷抵御上层较强气旋和建筑物侧向的向下气流。

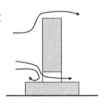

3. 设置架空开放层，引导强风通过

降低上层侧墙的风力，弱化上层的气旋和负压。

**图3.43** 风向与建筑物形状

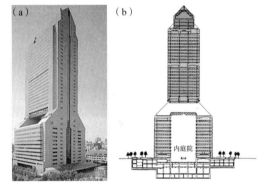

**图3.44** 考虑周边风力影响的建筑物（日本电器总部大楼，东京，设计：日建设计，摄影：三岛叡，1990年）[10]
（a）风洞外观；（b）剖面图

屋号称"夏季的克星"，随处可见对待通风的良苦用心。其详细内容可以参阅3.4.2的"室内温度调整"。

在空间设计中，首先要考虑的问题是把建筑形状所带来的风力引到恰当的位置。图3.45就是较好的风力引导案例。图3.46表示，在平面和剖面需要通风的地方采取适当的措施，以期达到最佳的通风效果。在平面规划中，不要简单设置两个开口部作为通风路径，房间布局和家居布置也会对通风产生很大的影响，应当把通风问题纳入装修规划当中。在剖面规划中，原则上尽量降低吸入部的高度和抬高流出部的高度。此外，通常

把吸入部的开口面积相对流出部要大一些，通风会更加顺畅。

图 3.47 表示，确定开口部的大小和位置以后，开口部周围的构造处理对通风效果也有一定的影响。要根据风的具体状态进行适当的构造处理，必要时赋予一些防风功能。

海得拉巴住宅（参见图 2.15）和名护市政府宿舍（参见图 4.16），可谓有效利用通风的典型的规划案例。它们的共同特点都是充分利用自然风实现室内通风，完成生动的建筑设计。不过需要注意的是，它们都处于温暖的风土地域，都处在远离大气污染的宜居地区。在城市中，噪声、大气污染、风速、犯罪等不利因素与通风问题同时存在。在考虑通风的同时，必须把这些不利因素最小化。

### c. 自然换气

利用自然风进行换气被称为风力换气，是自然换气的方法之一。换气分自然换气和机械换气，不依靠机械力、利用自然的力量换气的方法叫作自然换气。自然换气可以细分为利用风力的风力换气和利用温差的重力换气（温差换气）（图 3.48）。

商业银行大厦（图 3.49）是在规模较大的办公空间，巧妙组合自然换气的设计案例。平面中央处的共享空间直通到屋顶，并在屋顶设置开口，突出利用温差的烟囱效果。同时，从窗户吸入自然风，巧妙组合了重力换气和风力换气。设计师诺曼·福斯特曾经讲过：这座位于德国法兰克福的 53 层高层办公大楼，年间的 60% 日历天，均使用自然风保持内部空间的舒适性。

## 3.3.2 人工气流
### a.1/f 摇动

人工制造气流的设备常见的有风扇、吊扇等。与过去的定向送风风扇不同，最近的电扇可以模拟自然风，可以按照一定的规则使风力变强变弱，还可以使风短时间摇动。这种摇动的程度几乎与频率（f）成反比，被称为"1/f 摇动"，具有使人的精神重新振作起来的效果。

### b. 关西国际机场设计

关西国际机场的主候机楼，在四层顶棚设置了悬挂型波形开放通风道（图 3.50）。其目的在于充分考虑制约环境的建筑因素，有效调节大空间的通风。纵观一般情况，建筑设计中的结构布置终究决定建筑的空间骨骼。而本设计的微妙之处就在较好地统合了结构与环境技术的相互关系。

在国际出发大厅，开放性空气通道成为重要的视觉因素。大厅的宽高比取决于气流的流动，即喷气发动机喷出的气体，到了大厅就会变成自然的气流流通，大厅采用类似切开的旋转体的几何形状。为了降低屋顶的整体重量，采用轻质膜结构，其上覆盖涂抹氟素树脂的特氟隆，实现了

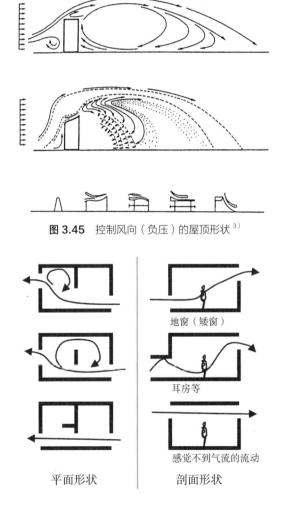

**图 3.45** 控制风向（负压）的屋顶形状[3]

地窗（矮窗）

耳房等

感觉不到气流的流动

平面形状        剖面形状

**图 3.46** 空间规划与通风通道

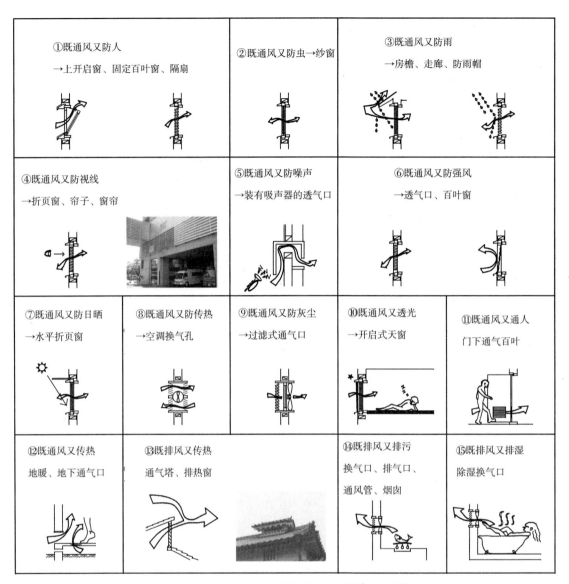

**图 3.47** 开口部周围的通风做法（参考文献[1] p.76 制作）

平滑的空气流通。

在开放性空气通道谷峰处安装有出风口，被称作喷气口，以每秒 7m 的风速（喷气发动机喷气速度）向下送风。喷气与膜面的接触角度需要

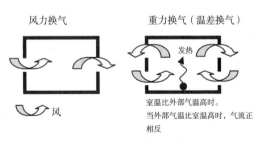

**图 3.48** 自然换气结构

精确计算，经过计算机模拟和 1/10 模型的反复试验得到。

**c. 绿色房间**

所谓绿色房间，就是在室内的工作环境或者居住环境中以防止污染为目的，控制空气中的粉尘和粒子含量，控制其温湿度、气流分布等，使其拥有较高的清洁度。如图 3.51 所示，为阻止受到污染的空气进入绿色房间，在设计中仔细考虑密闭度、室内气压、气流流动、室内外温差等因素。此外，在出入口设置空气淋浴装置，去除附在衣服上的灰尘。

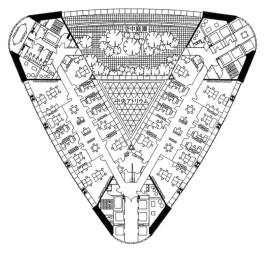

图 3.50 关西国际机场

### d. 混合式空调系统

目前可以看到，在同一个房间同时使用空调设备和自然换气的设计尝试。如图 3.52 所示，在千叶县的日本贸易振兴会亚洲经济研究所（设计：日建设计，1999 年），把室内空间划分成工作区域和环境区域，在工作区域主要使用空调设备，而在环境区域则使用自然换气解决散热问题。经过测算，年间能源消费量是标准工作间能源消费量的 80%。

### 3.3.3 气味

或许人人都有重访母校或者以前工作过的场所，以此气息作为引子，恢复记忆的经验。根据

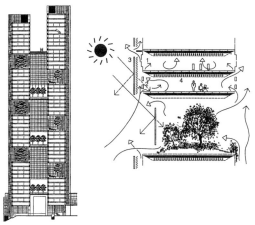

图 3.49 商业银行大厦（设计：诺曼·福斯特，1996，外立面请参照第 3 章的门的章节）[2]

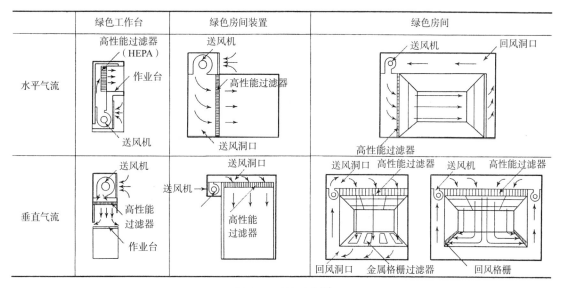

图 3.51 绿色房间[5]

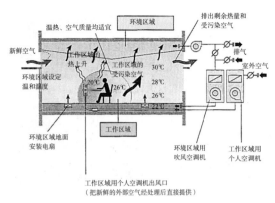

**图 3.52** 混合式空调系统的办公空间[6]

埃尔根的实验研究，人随后再次正确判断气味的比例是 70% 左右，经过一年以后，该比例几乎没有发生变化。而视觉再判别画像的正确率的情况为：随后可达到 100%，过了四个月以后的正确比例是 60% 以下。对气味的爱好是属于后天性的，受学习、心理等因素的影响较大。所以，气味的记忆很难被减退，气味的记忆往往与当时的情景深深地联系在一起。

### a. 街区的气息

每一个街区都具有其固有的气息。工厂区气息、海潮的气息、中国城的气息等，都与该地域的个性共享。表 3.5 列出街区和地域的气息特征。从表中可以得知，气息特征大多与产业、自然关系密切。

面包店、烤鳗鱼店的气味，茶室里的清香咖啡气味等，都是从狭小范围冒出来的。这些店面前的气味使人不用看店名也能知晓该店是做什么的，完全可以当作形象代言。此外，树叶、野花的香气，绵绵细雨的气息等与季节紧紧相依，丰富人们的生活。与前述的商业性气息作比较，这些气味只是轻微地扩散。有时，从邻居做晚饭时的飘香气味中联想的环境，尽管觉得私密性有些逊色，但是亲切感还是满满的。

摘自环境省"气味风景 100 选"　　　　　　　　　　　　　　　　　　　　　　　表 3.5

| 名称 | 气味来源 | 气味属性 | 备注 |
| --- | --- | --- | --- |
| 宫崎县 | 延冈市"五赖川香鱼烧烤" | 自然 | 五赖川的秋天，在渔场烧烤香鱼是延冈的风俗 |
| 岩手县 | 盛冈市"南部煎饼"<br>宫古市"净土沙滩海潮香" | 产业<br>自然 | 消防队值班室、商家等并列在街道旁，盛冈市的绀屋町到处是过去的痕迹。在街角，坐落有 70 年历史的南部煎饼屋。走近店铺，迎面扑来煎饼的阵阵香气。 |
| 福冈县 | 太宰府市"太宰府天满宫梅林与樟木林"<br>北九州市小仓南区"合马竹林公园的竹子与风"<br>柳川市"柳川河下清蒸鳗鱼" | 自然<br>自然<br>产业 | |
| 三重县 | 岛羽市"答志岛的裙带菜腌制"<br>宫川村"大台原的原生橡胶林"<br>伊势市"伊势神宫参道之千年丛林" | 产业<br>自然<br>自然 | 当地声称"愿做旅游广告头版"，期望颇高。 |
| 茨城县 | 水户市"梅林同乐园" | 自然 | 占地约 $13hm^2$，种植 100 种、3000 棵梅树。是日本三名园之一。 |
| 埼玉县 | 川越市"川越横丁甜饼屋"<br>草加市"草加酱油薄饼" | 产业<br>产业 | |
| 山梨县 | 胜沼与一宫两町"葡萄酒园" | 产业 | 是日本首屈一指的葡萄酒产业园，其味道也得到认可。 |
| 长崎县 | 野母崎町"野母崎水仙之里公园与海潮" | 自然 | 是名副其实的水仙花之町。 |
| 山口县 | 萩市"飘香橘子花香的街"<br>"维新之香气" | 自然<br>文化 | |

环境省"气味风景 100 选"：坚守香味及其源泉：自然与文化。2001 年开始征集。从来自全国各地的 600 件候选中，收录杉树、海风、鲜花、茶叶等 100 种。

另一方面，恶臭作为城市公害之一，早在1972年已经颁布实施臭气防治法。以平成12年度（公历1989年）的东京都江东区的调查为例，城市的臭气多半来自家庭和餐馆，如图3.53所示。其中反映最多的是废弃物的燃烧所发出的气味。即便是冬季也都远离焚烧气味，这充分反映了近年来对二噁英问题的社会化现象。除此之外，垃圾、厕所、下水、空调排气口等处产生的气味更能给人留下长时间的记忆，规划设计时务必慎重对待。规划时，应该详细了解附近的风向和人流情况等因素。

### b. 室内气味

由于室内是封闭空间，气味比较容易积聚。新炕席、槐树的气味可以使人联想到新居，心情兴奋。不过，近年来建筑材料的气味容易使人联想到房屋装修综合征（参照6.2节），未必人人都喜欢其气味。表3.6表示室内气味产生源。每个人对于不快气味感知度的差别较大，大体上对体臭、含水分垃圾、厕所、宠物笼、加工制品、排水口等处产生的气味，反感的人较多。

采取措施防止室内气味发生源的同时，室内换气也非常重要。但是仅仅使用换气消除气味，所需的换气量相当大。因此，设计尽量做到减少气味发生或者限制气味产生范围并及时排出。例如：在厕所里的小便器周围，采用不吸水材料，避免气味的附着。还有，做烧烤的餐饮店，在餐桌上设置排烟装置（图3.54），使气味限制在局部区域并向外排出。在排气的同时，要保证供气，避免空气流动受阻而排气效率下降。

### c. 消臭、除臭

人能感觉到有气味，是因为气味分子在空气中扩散，传到人的嗅觉所致。因此，除去其中的一个环节，就可以做到消臭、除臭的目的。消臭、除臭的方法分为五大类，如表3.7所示。

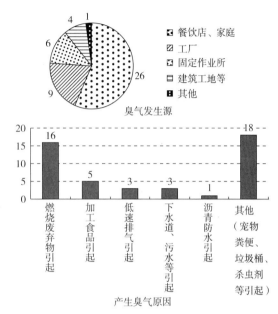

图3.53　臭气的分布状况（东京都江东区）

东京都江东区：被隅田川和荒川包围的，居住、商业、工业混合区域。城市化始于明治时期。

人口：372052人，人口密度：9433人/km²，第一产业：0.1%，第二产业：27.6%，第三产业：72.3%（东洋经济新报社，城市数据库，2001年）

| 室内气味产生源 | | 表3.6 |
| --- | --- | --- |
| 产生源 | | 主要污染物质 |
| 设备、器具 | 裸露型采暖器具、采暖器具等<br><br>办公器具 | 二氧化碳、一氧化碳、氮化物、浮游粉尘<br>臭氧、氨水 |
| 室内人 | 新陈代谢<br>吸烟 | 二氧化碳、体臭、氨水、微生物、皮屑、一氧化碳、氮化物、烟气、臭气 |
| 家庭用品 | 喷雾器、卫生洗涤剂、杀虫剂 | 氟利昂、丙烷、氨水、氯酸盐、叶绿素 |
| 建筑材料 | 内装材料、涂料、粘接剂<br>混凝土、土、石头 | 有机溶剂、铅、甲醛、乙醛、氨 |
| 其他 | | 发霉、螨虫 |

**图 3.54** 烧烤店的排烟设备（wankarubi 八尾店，摄影：猪仓伸悟）

| 消臭、除臭方法 | 表 3.7 |
|---|---|
| 排除法 | 设置排气设施，促进换气 |
| 扩散法 | 采取提高顶棚高度等方法，保持较大容积，向更大范围扩散，稀释气味 |
| 除臭法 | 有物理除臭法（活性炭吸附等）、化学除臭法（焚烧处理等）、生物除臭法（酵母分解等） |
| 密封法 | 如在排水沟中使用的回水弯管 |
| 隔离法 | 使用外空气尽量隔离臭气产生源。例如：过去的住宅、学校等，在平面设计中，多设置一道走廊，把厕所隔离开 |

| 香料的有效使用 | 表 3.8 |
|---|---|
| 类别 | 香料种类 |
| 觉醒（睡眠足） | 薄荷、桉树香、柠檬、洋苏草、百里香、丁香、迷迭香等 |
| | 茉莉、洋甘菊 |
| 催眠 | 百里香、月桂、柠檬、肉豆蔻、生姜、圆葱、大蒜等 |
| 促进食欲 | |
| 抗偏头疼同 | 橘子、柠檬、薰衣草、迷迭香、薄荷、樟脑、桉树香等 |
| 烦烟味 | 柠檬、柠檬、桂皮、丁香、肉豆蔻、生姜等 |
| 缓解心情 | 薰衣草、柠檬、迷迭香、薄荷、蔷薇、茉莉、肉豆蔻、桂皮、生姜等 |

### d. 附加香味

附加香味，可以敷衍和弱化臭气。添加香味的技术因此得到了发展。在埃及，从公元前几千年开始，处理帝王遗体做木乃伊时，为了掩盖气味，采用添加香味的方法。另一方面，嗅觉的反应非常迅速，可谓空气质的敏感器。也许有过以下经历：闻到烧焦的气味时会立刻联想到着火，会四处张望。在城市里使用的燃气和煤气中，特意添加有特殊气味的物质，用以判断是否漏气。这种方法源自嗅觉所特有的性质。

嗅觉的另一个特征是，无论何种气味，只要是短暂停留在该气味环境，则嗅觉会变得迟钝。最近，办公区的客人空间、电梯等处，添加香气的做法司空见惯。如果想得到更加高效的结果，则要采取每隔一段时间添加的方法。顺便提一句，人可以分辨数千种气味，其中使人感觉舒适的气味约占 2 成。过多使用香气，会刺激鼻子，反而得不到预期效果。表 3.8 列出了通常的香料种类和使用目的，切记不能滥用。

### 参 考 文 献

1） 彰国社编：パッシブ建築設計手法事典新訂版，彰国社，2000

2） 日本建築学会編：建築設計資料集成「総合編」，p.449，2001

3） 建築雑誌，Vol.111，No.1398，1996

4） 岡田光正ほか：建築計画 1，鹿島出版会，p.3，1987

5） 日本建築学会編：建築設計資料集成 8「建築—産業」，丸善，1988

6） 日経アーキテクチュア，No.696，2001

7） 日本建築学会編：人間環境学，朝倉書店，1998

8） 大野治代ほか：図解住居学 5 住まいの環境，彰国社，1998

9） 岡田光正：空間デザインの原点，理工学社，1993

10） Office Age，No.11，コーポレイトデザイン研究所，1990

## 3.4 热与建筑设计

建筑物的隐蔽功能成立的条件，就是针对外部的冷热环境为人类的生活提供适当的内部温热环境空间。如何设定室内温度，如何考虑屋顶、墙体、地面等区分建筑内外的、建筑物组成因素的隔热性能，非常重要。

### 3.4.1 隔热效果
#### a. 隔热的必要性

隔热意味着要控制传热（附加抵抗）。建筑物的耗能分制冷与制热，单就隔热材料的效率来讲，其保温效果在温暖地区非常明显，而在寒冷地区则逊色许多。

把隔热材料应用到建筑物的历史，欧洲很长，日本则只有 40 年左右。1973 年的石油危机促使节能的呼声高涨，建筑物的隔热材料使用量急剧增加。但是，过去的木结构民居到处都是缝隙，即便使用隔热材料，其效果也不佳。要提高房屋的隔热性能，必须同时保证房屋的气密性。

到了 20 世纪 90 年代，隔热性、气密性很高的节能住宅受到广泛瞩目。1999 年 12 月召开了应对地球变暖京都大会。以此为契机，日本政府发表了下一代节能标准，其核心内容是大力发展高隔热性、高气密性节能住宅产业。

#### b. 隔热方法

1）隔热材料：表 3.9 列出隔热材料与一般材料的热传导率，从表中可以看出，热传导差别很大。目前使用最多的玻璃棉属于矿物纤维类，占据约 3/4 的市场份额。聚苯乙烯是采用挤压法制造的石油化工产品，其使用量也在逐年增加。石油系列隔热材料具有透湿性低，不设防水层也能防止结露的优点。还有，纤维板等天然材料，透湿性高，吸湿性也强，也不易发生结露。所有的隔热材料内部的空气具有阻止热传导作用。

2）隔热方法：隔热方法大体上分为内隔热法和外隔热法。内隔热法是指在结构体内部注入或填充隔热材料的方法。由于隔热材料嵌入结构体内，容易产生热桥现象（参照 3.4.1 c.3）。还要采取措施阻止接合部位的空气流动，防止缝隙漏风。

外隔热法是指在结构体外侧粘贴板状隔热材料的方法。当建筑物形状简单时外隔热法比内隔热法施工简单得多。在工程施工中，根据不同部位混合使用两种隔热法的情况较为常见。

3）屋顶绿化和墙面绿化：1995 年 4 月，在福冈天神竣工的福冈鼎（参照图 5.9），其南立面为阶梯式屋顶花园。经测定，盛夏白天屋顶绿化区域的温度比混凝土裸露部分要低 20℃以上。

此外，墙面覆盖藤类植物可以遮挡阳光照射，也能抑制墙体温度的上升。如果采用落叶树种，建筑物的冬季采光也不受影响，如果采用四季青树种，可以缓解外墙附近的气流和抑制热对流，提高建筑物的保温性能。

4）与地域、风土相结合的隔热：寒冷地区的墙体要厚，开口部要尽量小。高温多湿地区的墙体采用透气性较好的材料。沙漠地区的建筑物仍

| 建筑材料的热传导率（W/m·K） | 表 3.9 |
|---|---|
| 一般材料 | |
| 铝合金 | 210.000 |
| 花岗岩 | 3.500 |
| 钢筋混凝土 | 1.400 |
| 瓷砖 | 1.300 |
| 瓦 | 0.800 |
| 砖 | 0.800 |
| 玻璃 | 0.780 |
| 合板 | 0.180 |
| 增强型水泥石膏板（ALC） | 0.170 |
| 石膏板 | 0.170 |
| 炕席 | 0.150 |
| 地毯类 | 0.08 |
| 隔热材料 | |
| 人造矿物质纤维系列 | |
| 玻璃棉 | 0.045 |
| 石棉 | 0.035 |
| 石油系列 | |
| 挤压型聚苯乙烯 | 0.033 |
| 甲酸乙酯泡沫 | 0.026 |
| 天然材料系列 | |
| 纤维板 | 0.040 |
| 木炭 | 0.040 |

然要求墙体要厚，开口部要小。传统住宅的建造方式都较好地结合了当地的环境和气候条件，从中要学习和掌握的技巧、方法很多。

了解和掌握隔热材料的特点和施工工艺，要根据外墙、屋顶、基础等不同部位，选择与设计条件最为般配的组合方式，进行建筑设计（图3.55）。

#### c. 保温引起的诸多问题

1）结露：当空气接触比空气冰点低的墙体时，就会出现结露。当室内温度高于室外温度时，通过在墙面附加隔热材料提高室内温度可以防止墙面发生结露。但是，具有透湿性的隔热材料由于室内水蒸气可以通过，遇到隔热材料外侧的低温则会发生内部结露。因此，贴有隔热材料的墙体内侧需要设置防潮层。矿物质纤维系列隔热材料有可能发生夏日结露现象，此时可以采用干燥充分的木材和设置通气层来解决。

2）开口部的处理：窗户的热损失比墙体大很多，要提高房屋隔热性能，必须同时考虑墙体和窗户的隔热问题。采用双层玻璃隔热方案时，其厚度应选择30mm，此时的隔热效果最佳。厚度超过30mm以上时，中空玻璃内部的空气热对流增强，总的隔热效果反而下降。

3）热桥与冷桥：建筑物的角落，由于其室内侧面积比室外要大，热对流现象比较明显。这种在局部发生剧烈热对流的现象称为热桥（或者冷桥）。这些地方的隔热措施必须加强。

### 3.4.2　室温调整

提高建筑物表面的隔热性和气密性，就可以达到室内保温目的。人类早以前就懂得这个道理，采取把房子建在地下、加厚房子的外墙、尽量缩小开口尺寸等方法，试图获得比较理想的室内温度（图3.56）。另一方面，人感觉到舒适的温度不仅仅取决于室内温度的大小，还要受到湿度、气流等影响。还有，日本的自然状况是，夏天高温多湿，冬天低温干燥。所以，采用与之相对应的温度调整方法才能获得更好的舒适度。

总之，建筑物的热传导几乎都是通过建筑物的表面（门窗、外墙、屋顶）进行。因此，两个相同建筑面积的房屋如果表面积不同，则室内的温度环境大不相同。侧重夏季的温度冷却还是保证冬季热损失最小？重点放在通风、采光、眺望中的哪一个？在建筑设计中，如何掌握各要素之间的平衡关系，是很重要的设计环节。

#### a. 侧重夏季舒适度的情况

房屋的表面积越大，室内外热传导越强。内部温度较高的建筑物可以利用此原理，营造舒适的夏日环境。也就是加大建筑表面的放热，可随意设置较多开口部，而且多阴影设计成为可能。图3.57是马来西亚某一高层建筑设计案例。

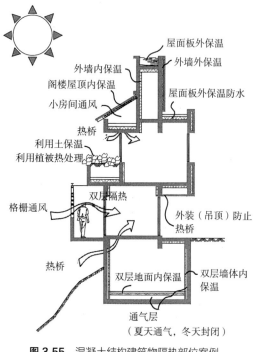

图3.55　混凝土结构建筑物隔热部位案例
（参考文献[2]制作）

图3.56　西班牙的洞窟民居[5]

**图 3.57** Baiogrimadeke 大厦（Mienala·Miexiniaga，设计：Hamuza，Yangu，1992 年）[6]

第 22 条（居室地面下夹层高度以及防潮方法）
最底层居室地面为木地板，其地面下夹层高度和防潮应满足下列规定。但地面为混凝土地面、夯实地面或者其他类似的材料覆盖的地面，并且该地面构造可以防潮，经过国土交通大臣的认可后，可以不受限制。
1. 地面下夹层净高应大于 45cm。
2. 沿外墙，每隔 5m 设置截面面积不小于 300cm² 的通风换气口，洞口应采取措施，防止老鼠进出。

此外，设置夹层不仅可以加大散热面，还可以防潮和防止反光，地面下可以通风，还可以把夹层作为日阴空间使用（表 3.10）。

夏季的屋顶接受强烈的阳光照射，如果阻断屋顶热量，室内的温度下降非常明显。因此，屋顶通常采用阻热性强的隔热材料，小阁楼的通风也要加强。

再者，想在炎热的夏季过一个清爽的生活，应该避免阳光直射。使用遮阳构造，可以有效调节阳光直射墙面。图 3.58 列举了各种遮阳构造以及相应的布置方式。还有，不同的墙面颜色其阻止太阳热的程度也有较大差别。

保持室内良好的通风，可以降低体感温度。为此，要适当设置开口部，同时配合运用内窗、通道、耳房。在城市商业区的町屋（店铺），夏天的傍晚经常丁建筑物周围洒水，以促进空气流动。这是传统民间生活中根深蒂固的温度调节方法（图 3.59）。

**b. 侧重冬季舒适度的情况**

首先，把减小热损失放在第一位，即优先保证房屋的隔热气密性能。充分利用直射阳光更佳。环绕日本的太平洋沿岸，冬季的太阳辐射比北欧要大，与其缩小窗户减少热损失，不如采取措施

积极利用阳光直射效果更好。要想利用好阳光，房屋平面布置很重要。楼座布置尽量选择坐北朝南，同时南面的开口设计也非常关键。白天采光较多的窗户，到了晚上有可能变成热损失较大的部位。因此，到了夜间应当采取设置隔热板等隔热加强措施。图 3.60 是使用隔热板的案例。

此外，地面应当设计为蓄热体。以一天作为一个循环周期，利用白天的采光积极蓄热，到了晚上又把热量释放，这是非常好的设计构思。地面混凝土板厚度 20cm 左右时，可以满足充当蓄热体的条件。加热地面是上乘的采暖方式之一，韩国的传统地采暖装置叫做暖炕（图 3.61），它是在厨房或者室外烧火，利用烟气加热地面而达到房间采暖目的的方法。近年来，在大城市的住宅小区，利用锅炉集中供热的地采暖方式屡见不鲜。

### 3.4.3　热岛现象

《徒然草》（岩波书库）中，记载以下一段描述："通常冬至过后 150 天樱花盛开，只要风调雨顺，立春过后 75 天，一周内樱花准盛开"。或许书作者兼好法师也在期待每年的樱花盛开之日。图 3.62 表示京都（岚山）山樱花盛开日随年代变化统计。1930 年以前，尽管多少受到气候变化的影响，总体上讲，樱花盛开日大体上为 4 月中旬以后。到了 1950 年前后，樱花盛开日提前到 4 月上旬，而且还有继续提前的倾向。究其原因，热岛现象是其中的原因之一，也就是城市区域的气候变暖造成。

**a. 特点和原因**

热岛现象是指热在城市蓄积，使得城市街区的气温高于郊区的现象。绘制气温等温线，可以

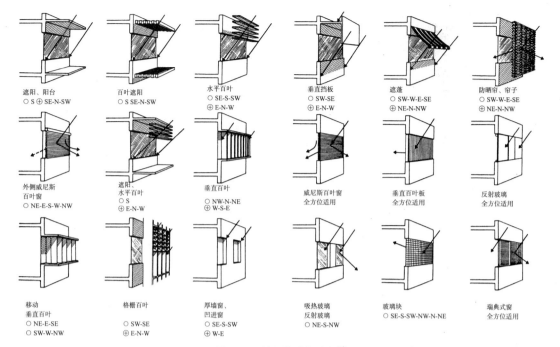

遮阳、阳台
○ S ⊕ SE-N-SW

百叶遮阳
○ S SE-N-SW

水平百叶
○ SE-S-SW
⊕ E-N-W

垂直挡板
○ SW-SE
⊕ E-N-W

遮篷
○ SW-W-E-SE
⊕ NE-N-NW

防晒帘、帘子
○ SW-W-E-SE
⊕ NE-N-NW

外侧威尼斯
百叶窗
○ NE-E-S-W-NW

遮阳、
水平百叶
○ S
⊕ E-N-W

垂直百叶
○ NW-N-NE
⊕ W-S-E

威尼斯百叶窗
全方位适用

垂直百叶板
全方位适用

反射玻璃
全方位适用

移动
垂直百叶
○ NE-E-SE
○ SW-W-NW

格栅百叶
○ SW-SE
⊕ E-N-W

厚墙窗、
凹进窗
○ SE-S-SW
⊕ W-E

吸热玻璃
反射玻璃
○ NE-S-NW

玻璃块
○ SE-S-SW-NW-N-NE

瑞典式窗
全方位适用

**图 3.58** 遮阳构造的种类[7]

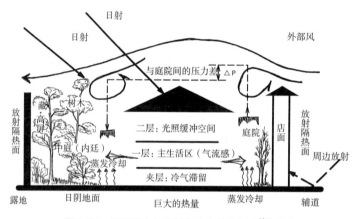

**图 3.59** 町屋洒水与空气流动（参照文献[4]制作）

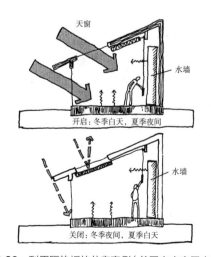

**图 3.60** 利用隔热板的住宅案例（美国农庄房屋内装式）[1]

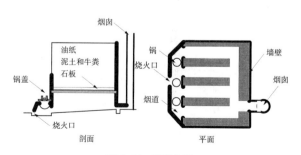

**图 3.61** 暖炕构造

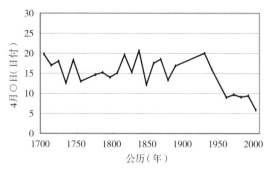

**图 3.62** 京都市岚山山樱花盛开日子的变化（根据大阪府立大学农学部青野靖之提供的数据制作）

发现其分布呈岛状分布，故而得名为热岛现象。热岛现象最早出现在19世纪的英国。之后，世界许多城市都相继发生热岛现象。通常具备晴天、风静、夜间三个条件时，城区与热辐射冷却快速的郊区之间产生明显的温度差，导致在城市产生发育完整的热岛。尤其是到了冬季气温最低时，其特征更加显著。

随着城市化的进展，城市建设大量使用混凝土和沥青，生产生活大量使用空调和排出人为的废气，使得地表面的热吸收和释放失去平衡（图3.63）。覆盖城市表面的道路、建筑物都是不透水的，雨水也不能渗透，城市里植被也较少。不能指望地面和植被的蒸发、蓄热作用。此外，工业、交通、空调等各种人类活动形成的排热也以惊人的速度在增加。城市的表面构成与自然地面相比较，整体上的比热系数要小，白天容易升温而夜间容易冷却，夜间释放出的热量又重新使周围建筑物等升温，结果是城市上空的热量不易扩散。建筑物密度过大，使得通风效果下降，进一步加速温热空气的滞留。加上释放到城市上空的热气与大气中的粉尘等污染物质相结合，形成空前的雾霾团重新返回城市表面。所有这些都在加速热岛效应的形成。

### b. 对城市居民的影响

城市里形成的热岛现象，加重冬季大气污染物的浓缩和夏季地表面的酷热，在其他方面也带来了不同程度的影响。例如：图3.64列举了大阪市内和郊区的闷热夜天数。作者一直向往城市里的生活，可是一想到那么多的闷热夜天，两腿就止步不前。表3.11是2001年度防灾白皮书的部分内容摘录，白皮书强调，热岛现象对城市特有气候模型增加了影响力。

### c. 防治对策

表3.12列出了防止热岛效应现象的一般对策。其中，加强城市的水系和绿化，形成城市冷岛效应，被认为是降低气温的有效途径，并得到各种试验数据的确认。还有，近年来各地方积极推广保水性道路铺装（图3.65），也是不错的方法。德国的斯图加特在城市里规划风道，在缓解热岛效应方面取得了较好的效果。斯图加特市早在20世纪50年代，作为大气污染应对对策开始研究和绘制城市气候分析图。把它运用到城市规划中。正如同文字描述，努力确保城市街道的通风道畅通。

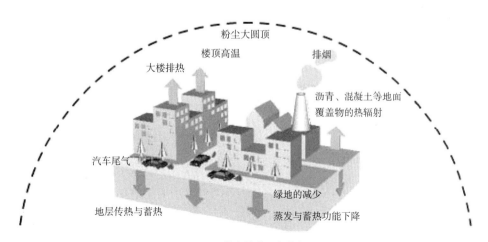

**图 3.63** 热岛效应现象的起因

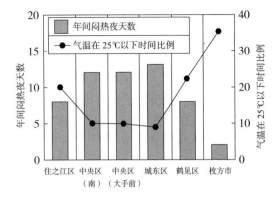

**图 3.64** 大阪市中心城区与郊区之间的闷热夜天数比较[8]

**热岛效应现象与灾害**　　　　　表 3.11

【地球变暖·热岛效应引发灾害】

15 日，内阁会议通过了 2001 年度防灾白皮书。

白皮书警告称，地球变暖和城市热岛效应，将较多引发 21 世纪的自然灾害发生。

白皮书中写道，全球气温 20 世纪的上升 1.4℃，21 世纪将上升 5.8℃。将增加台风暴雨、洪水、滑坡、泥石流等自然灾害的发生率。(中间省略) 大城市的热岛效应现象，将引发雷雨、瞬间暴雨、冰雹等城市特有的气象。目前的城市结构尚不具备与之相抗衡的能力，需要研究对策。

(每日新闻，2001 年 6 月 15 日)

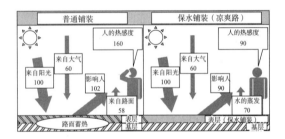

**图 3.65** 具有保湿功能的道路铺装[9]

**缓解热岛效应的对策**　　　　　表 3.12

(1) 减少人工排热量
　　提高空调的使用效率，提倡机械设备的节能化
　　建筑物的高效保温
　　积极利用太阳能等自然能源
　　积极利用城市排热等未利用能源
　　加强交通经营管理，调整交通流量

(2) 改善地表面覆盖
　　改善道路铺装材料的反射率和保水性
　　通过调整颜色，改善建筑物和玻璃窗的反射率
　　提倡屋顶绿化、墙面绿化、沿街绿化，提高绿化率
　　疏通河道，增加公园水面面积

(3) 改善城市形态
　　建立符合城市风向、符合地形的风力坐标和水系
　　建立节能生态型、循环型城市体系

# 参 考 文 献

1) 彰国社编：パッシブ建築設計手法事典，新訂版，彰国社，2000

2) ディテール，No.112，1992

3) 光·熱·音·水·空気のデザイン，彰国社，1980

4) 民家の自然エネルギー技術，彰国社，1999

5) SD 8506，1985

6) SD 9403，1994

7) 日本建築学会编：建築設計資料集成 1「環境」，丸善，1978

8) 日本建築学会编：都市環境のクリマアトラス，ぎょうせい，2000

9) 大阪市パンフレット

## 3.5 颜色与建筑设计

所有物体都有颜色。彩色技术高度发展的今天，搭配使用各种颜色已经非常容易。在各种色彩规划中了解和掌握与日常生活关系密切的颜色特征，对环境规划非常重要。

### 3.5.1 颜色的表现形式

每个人对颜色的感受和反应是各有区别的。要尽量排除个人的差别，使颜色的表现形式普通化，形成一个相对统一的认识。下面介绍颜色的表现形式和方法。

#### a. 颜色的分类

颜色的分类方法有多种，主要以色别、色调、色名、发色状态等进行划分（表3.13）。除此之外，还有折射光颜色（彩虹等）、干涉性颜色（肥皂泡、漂浮在水面的油色、变幻色、蝴蝶色等）。

#### b. 颜色的表示方法

定量表示颜色时，大多根据色相、亮度、色度等三个属性来表示。色相是指红、黄、绿、青、紫色，此五种颜色具有可区分其他颜色的特质。

亮度是指颜色的明暗程度，色度是指颜色的绚丽程度。色相、亮度、色度的不同组合，可以获得特定颜色（图3.66）。

### 3.5.2 颜色的心理作用

人在日常生活的方方面面中，接触到各种颜色。人在不同的状况和场合，无意间获得各种感受。尽管这种感受因人而异，但也有许多相同或类似的感受（表3.14）。

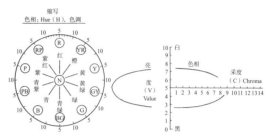

**图3.66** 颜色表示方法（日本工业标准 Z8721）：修正孟塞尔表示法[1]

#### 颜色分类（根据文献[1]制作）　　表3.13

| 色别 | 无色 | 无色别颜色 | 白、灰、黑 | |
|---|---|---|---|---|
| | 有色 | 有色别颜色 | 红、黄、绿、青、紫 | |
| 色调 | 明色 | 明亮颜色 | | |
| | 中明色 | 中等明亮颜色 | | |
| | 暗色 | 暗颜色 | | |
| | 纯色 | 色度最强的颜色 | | |
| | 清色 | 明清色 | 在纯色中，加入白色的颜色 | |
| | | 暗清色 | 在纯色中，加入黑色的颜色 | |
| | 浊色 | 在纯色和清色中，加入灰色的颜色 | | |
| 色名 | 普通 | 在红、黄、绿、青、紫等上添加修饰语 | | |
| | 惯用 | 象牙色、暗红色、草绿色、浅蓝色等 | | |
| 发色状态 | 光源色 | 太阳、明火、蜡烛、电灯等的光颜色 | | |
| | 物体色 | 表面颜色 | 不透明物体表面反射的颜色 | |
| | | 透色 | 透过透明物体看到的眼色 | |

#### 颜色的心理性功能[1]　　表3.14

| 温度感 | 暖色 | 红、橙、黄 |
|---|---|---|
| | 中性色 | 绿、紫、黄绿、紫红 |
| | 冷色 | 青、青绿、青紫 |
| 刺激 | 兴奋色 | 暖色 |
| | 中性色 | 绿、紫、黄绿、紫红 |
| | 沉静色 | |
| 分量感 | 轻（明色）——中——重（暗色） | |
| 距离感 | 前进色 | 暖色、明色 |
| | 后退色 | 冷色、暗色 |
| 大小感 | 膨胀色 | 暖色、明色 |
| | 收缩色 | 冷色、暗色 |
| 强弱感 | 强（浓）——弱（淡） | |
| 软硬感 | 硬（浓、冷）——软（淡、暖） | |
| 食欲感 | 增（暖、绿）——减（冷、红） | |
| 亲近感 | 亲（暖）——疏（冷） | |
| 时间感 | 刺激性强的颜色，持续时间长（因人有差别） | |
| 明视性 | 与周围颜色越突出，看得越清楚（亮度差很大） | |
| 注视性 | 吸引眼球的颜色（异常颜色、漂亮颜色） | |
| 印象性 | 也称引诱性。与明视性、注视性、嗜好性有关 | |

#### a. 面积效应

即使是同一种颜色，在小卡片上看到的和大墙壁上看到的，其印象完全不同。这是由于面积不同，所看到的绚丽度也不同。这种效果被称为面积效应。

#### b. 颜色对比

当存在两种以上颜色时，根据其面积、色度、亮度、色相、不同材质，可以划分或区别其不同之处。此过程叫作颜色对比。

一片绿色中的菜花看起来非常绚丽。如果把花朵摘下来放在一片白纸上，则并不觉得醒目。把同一时间发生的颜色对比叫作同时间对比。还有，刚从土颜色的山洞中出来时看到的绿色非常醒目，如果绿色持续延伸，则不会感到有什么特别。这种不同时间发生的颜色对比叫作延时对比。

#### c. 视认性与诱目性

当图形与底子的颜色不同时，我们才能认清图形。颜色的这种特性叫作视认性。视认性的大小与颜色的组合方式有关。存在多种颜色时，有容易辨别的颜色和难以辨别的颜色。这种容易辨别的颜色特性叫作诱目性。一般来讲，色彩度高的颜色其诱目性也高。利用颜色的这些特性可以促进人的注视性和安全性（图 3.67）。

### 3.5.3 颜色的社会作用

选择颜色除了受到无意识的心理和生理因素影响以外，也受到思想、习惯等有意识的因素影响。

#### a. 民族色彩

扎根地域使用自然颜色，其特点是选择周边的色彩并予以利用。墙壁、砖瓦、颜料等颜色都来自地域自然材料颜色的组合。所以，其配色也很自然地与地域气候、风土、人类活动相吻合。着色方法和材料相当普及，能够表现各种色彩的今天，颜色的地域性仍然存在。

#### b. 表现思想的颜色

20 世纪初兴起的印象派思想中，把颜色作为抽象表现要素使用。认为在简单的长方体空间组成上添加使用红、青、黄三种颜色的造型，就可以获得普遍性。

另一方面，古代中国的阴阳说和五行说是东方思想颜色表现的代表。它作为占卦和风水思想，一直延续到现代。它是说明世间各种现象和相互关系的思想体系。在这里列举其中的一个，即方位与四神、色彩、季节之间的关系（图 3.68）。

#### c. 庆典与占卦颜色

诸如特殊的庆典仪式采取红色，占卦仪式中采用黑色等，颜色赋予空间各种变化的可能性。同样的空间，添加不同色彩，可以改变空间性质。顺应使用者的目的，选择相应的色彩也很重要（图 3.69）。

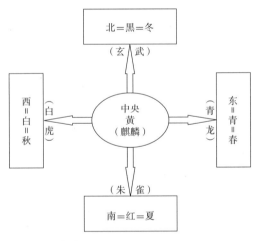

图 3.68 色彩与五行

（白底黄色） （黑底黄色）

图 3.67 不同的诱目性（左: 低, 右: 高）

图 3.69 左: 占卦黑与庆典红; 右: 神社之红色[1]

#### d. 嗜好色与流行色

人都有自己喜欢的颜色。这与每个人的年龄、性别、民族、职业、教养、经验、生活方式、所处时代等社会因素有关。同时，这种爱好的流动会变成流行色，成为社会现象。所以在选择颜色，思考在哪里用什么颜色时，要充分考虑使用者随时间的变化。

#### e. 形象

每当人看到某种颜色，就会联想起与该颜色相关的过去的经验和知识。其联想的程度随年龄、性别、经验、记忆、思想的不同而不同。表3.15列出了与建筑物外装相适合的颜色。采用表3.15所列适应颜色以外的颜色时，要进行慎重的研讨，以免建筑物的形象受到影响。例如：据说在意大利，把桥梁涂刷成黑色时，前来寻自杀的人增多，改变桥梁的颜色以后，前来自杀的人减少。对这种容易联想的情况，选择颜色时务必要注意。

### 3.5.4 色彩与空间

色彩会改变温度感、重量感、距离感等物理性感觉。无意间接触的多数色彩，有时左右人的情感，产生生理反应。因此，色彩规划要求掌握颜色可能表现的各种后果。

具有相同颜色的不同材料由于质感不同，也会产生不同印象。白色油漆、白色灰浆、白色纸张、白色塑料等都可以表现相同的白色，但其效果未必相同。这是由于材料表面的光滑程度也会影响色感的缘故。此外，建筑物使用的颜色会随时间发生变化，这一点要注意。

### 3.5.5 色彩与景观

不同的国家和民族，各有不同的颜色表现方式。同样是红色，不同地域、不同场合都有各种不同的表现方式。只有掌握这种颜色差异，才能做好适合人类生活环境的色彩规划。

只有当地容易获得的材料，才能成为当地街区颜色组成要素，并且由此形成街区色调。这种街区色调既有统一协调感，同时又是地域的代表性因素。随着技术输出和信息技术的快速发展，当今的社会可以自由地从其他国家和地方获得各种材料。结果是，各个地域出现了类似的景观，

**图3.70** 从上第一水平段：布基纳法索共和国，土屋（左）；银色·集合式灰土住宅（右）。从上第二水平段：印度尼西亚，木屋（左）；岐阜县，木屋（右）。从上第三水平段：希腊巴特农神殿，石头建筑（左）；德国，垒石街区。从上第四水平段：卡帕多细亚，溶洞之家[3]

| 建筑物外装的适宜颜色[1] | | 表3.15 |
|---|---|---|
| 类别 | 主色调 | 其他 |
| 住宅 | 象牙色、淡黄色 | 褐色 |
| 酒店、旅馆 | 象牙色、淡黄色 | 绿色 |
| 办公楼（事务所） | 象牙色、淡黄色 | 蓝色 |
| 幼儿园、小学 | 粉红色、淡黄色 | 红色 |
| 初中、高中 | 奶油色 | 绿色 |
| 大学 | 淡黄色 | 蓝色 |
| 医院 | 白色 | 绿色 |
| 剧场 | 粉红色、橘子色、绿色 | 红色、蓝色 |
| 餐厅 | 淡橘子色 | 红色、蓝色 |
| 茶室 | 非纯白色 | |
| 工厂 | 淡黄色、象牙色 | 绿色 |
| 仓库 | 淡黄色、褐色 | 蓝色 |
| 衣服类商店铺 | 淡黄色、粉红色 | 红色、蓝色 |
| 食品类商店铺 | 淡橘子色、白色 | 橘子色、绿色 |
| 住宿类店铺 | 象牙色、淡黄色 | 褐色 |

**图 3.71**　上水平段: 黑瓦（左: 客家内院[3]; 右: 内房[5]）。
下水平段: 红瓦（左: 石灰墙壁, 右: 德国罗腾堡）

**图 3.72**　上水平段: 印度, 布什格尔寺庙（左）; 越南, 高台教寺院（右）。中间水平段: 英国, 砖木结构（左）; 比利时, 壁画。下水平段:罗马尼亚, 窗边修饰（左）[7];西班牙, 古埃尔公园（右）

而且还在持续扩张,街区里充斥着各种色彩。为此, 最近几年, 为了表现具有地域个性的景观, 制定色彩使用标准, 以维护街区的色彩景观。

#### a. 材料的颜色与景观

组成街区景观的色彩很大程度上取决于材料的颜色。土、草、石头、木材、瓦、石灰、砖等材料属于地域性材料。有的街区甚至完全由这些材料组成, 不做任何修饰（图 3.70、图 3.71）。

#### b. 地域的颜色与景观

街区景观多数以材料色为主色基调, 由于文化与传统上的差别, 表现出不同的修饰, 进而街区景观也不同。不仅在街区, 在部落、宗教团体、街道等地也表现出不同的景观（图 3.72）。

### 参考文献

1) 近藤恒夫：景観色彩学—醜彩から美観へ—, 理工図書, 1986
2) 中島龍興：照明［あかり］の設計住空間の Lighting Design, 建築資料研究社, 2000
3) 日本建築学会編：空間体験世界の建築・都市デザイン, 井上書院, 1998
4) 松浦邦男編：照明の事典, 朝倉書店, 1981
5) 吉田信悟：まちの色をつくる環境色彩デザインの手法, 建築資料研究社, 1998
6) 小林重順：景観の色とイメージ, ダヴィッド社, 1994
7) 日本建築学会編：空間要素世界の建築・都市デザイン, 井上書院, 2003

## 3.6 水与建筑设计

### 3.6.1 生活与水

水是人类生活不可或缺的物质。人体的一半以上由水组成，与其他生物一样，离开水就不能生存。回顾人类的历史，城市必然是依水而建（图3.73），水干涸，城市也就消失。古罗马时期的庞贝古城，把公共水井当作重要城市设施（图3.74）。

人类的各种活动离不开水。在把水用于农业、工业、生活的过程中，人类社会得到了发展。在日常生活中，诸如各种饮料、清洗、最近口碑不错的水冷式空调等，水的用途非常广泛。还有，近年来在人工环境中纷纷引进自然景观因素，其中水的作用非常显著。

**图3.73** 古罗马时期的伦敦（泰晤士河沿岸的罗马殖民地，公元120年前后）

**图3.74** 沿街道设置的水井（意大利庞贝，公元前400年前后）[11]

水是自然给予我们的大恩惠，同时也是水灾等的威胁之源。房子的漏雨和漏水，是与水相关的最烦恼的事情。进行环境规划要充分了解和把握水的特性，使其发挥最大效率，同时要对可能带来的不利面采取相应对策。

### 3.6.2 水流动处
#### a. 水流动处的变迁

水流动处泛指进行与水相关作业的厨房、厕所、浴室、洗涤间等房间。这些用水的地方在日本普遍给人以又暗又潮湿又脏的印象。一般的住宅通常把与水相关的房间布置在北侧，与居室相比，采光、眺望等舒适性较差（图3.75），或者布置在远离主房的阴面位置。不过，随着管道、燃气、电气设备、各种家电的技术进步，近年来一改之前的不良形象，重新把水流动处当作重要生活场所，想尽一切方法提高其舒适性。

1）厕所：厕所在与水相关的房间中是又脏又暗的典型空间。不过，把厕所作为固定空间使用的历史并不长。人类很长时间都在使用排便箱。从前的凡尔赛宫也没有厕所。在19世纪之前的欧洲，各家从窗户往街面倒排泄物是日常生活的一部分。据说巴黎的街道经常是臭气冲天，极为脏乱的环境引发鼠疫的大流行，导致市民大量死亡。在这以后，为了实现清洁的环境，快速推进了上下水道的改造。

2）厨房：在与水相关的房间中，厨房的变化富有戏剧性。厨房的用水和用火很频繁。所以，厨房的改进与水管、燃气、电气系统密切相关。

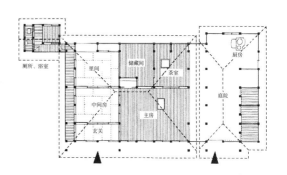

**图3.75** 住宅北侧设置的与水相关房间

以前的厨房需要到水井打水和烧火，烧火做饭极为繁杂。

现代住宅将厨房和餐厅成为一体，与起居室并列为居住中心，美观、使用简便，作为一家子的交流场所受到广泛重视。厨房的形状，从独立状态变成与餐厅连为一体的以柜台式或者环岛式为主（图3.76）。

3）浴室、温泉：浴室的作用与该地域文化有关。尤其是日本人待在浴室里的时间很长，自有其缘故。欧美各国对浴室的看法是，浴室是以洗去身体污垢为主的场所。而日本人却把浴室当作解除疲劳、放松心态的场所。因此，自家浴室的普及率较低，一直到江户时代还是以公共澡堂为主。到了现在，公共澡堂的作用依然不小，它是地域居民相互交流的场所，是健身休闲的场所。

当然，在住宅中也能经常看见宽敞、可大角度欣赏外部景色的、欢快的大空间浴室。从防止发霉和建筑材料腐蚀上看，这种浴室处理方法还是有值得肯定的一面（图3.77）。

**图3.76** 环岛式厨房[6]

**图3.77** 城市住宅里的开放型浴室[6]

对偏爱澡堂的日本人，温泉更是特别的存在。近年来各地相继开发设备齐全的温泉一条街，同时充满山间风情的昔日水疗场也受到瞩目。对温泉的疗效寄予厚望，一边泡温泉，一边欣赏自然风景，那是何等的惬意。在欧洲，温泉原先以高龄人群的水疗为主，如今也相继建设旅居型高档温泉设施，打造一流的疗养院。

### b. 今后的与水相关空间

1）规划与改造：人们通常经过上水管把水引到建筑物的必要场所，使用以后再经过下水管排出屋外。所以，把与水相关的空间尽量挨在一起布置，可以减少管线的总长度。由于卫生器具和管线的寿命比建筑物低，设计必须留有余地，便于日后的更新改造。

2）维护：与水相关的空间必须充分考虑防水和通风，同时还要进行日常维护。其中，厕所最容易变脏，会影响居住环境。没有固定使用者的公共厕所更要引起注意，采取各种措施。图3.78是日本的某一公共厕所。在不影响使用的前提下，尽量增加通风和视线，营造安全、清洁的使用环境。

3）改造与更换：建筑物长期使用以后，有时需要改造和更换。此时，若想改变与水相关的空间位置，需要替换管线，遇到不少困难。因此，建筑规划必须充分考虑日后的改造和更换。近年来比较流行的SI住宅，在楼地面设置架空层，管线布置在架空层中，便于日后的更换改造，备受世人瞩目。

4）无障碍设计：任何人每天都在使用与水相关的空间，如何设计与水相关的空间，使得包括老年人和残疾人在内的所有人都能方便使用？这是非

**图3.78** 安全、卫生的公共厕所[7]

常重要的研究课题。要根据使用者的特点,细心设置轮椅空间、器具高度、适当的把手、水龙头的位置等细部。我们已经进入高龄化社会,与水相关的空间无障碍设计也已开始普及(图3.79)。

### 3.6.3 与水接触

在基督教圣地罗马16世纪实施的城市规划中,为了解决巡礼中的疲惫和马的饮水问题,在路程的适当位置设置喷水,其总数超过2000处。[4] 现在吸引游客的特雷维喷泉(图3.80)也是那个时期建造的。喷水越来越成为建筑设计的重要因素,不过不要忘记,喷水原本的使命是维持生命的重要装置。

对人类来说,有水的环境并不仅仅是解渴和清洗污物。水还可以作为相互间交流场所、交通通道据点、生产能源的手段等,承担着许多作用。今后有求于水的新的作用是治疗效果。生活在城市里的人容易受到刺激,迫切需要治疗机会。在城市,不可能经常接触自然。因此需要创造各种水接触环境,滋润我们的生活。

### 3.6.4 景观与水

人类很早就开始在建筑设计中尝试运用水。表3.16列出了水的状态与建筑设计之间的关系。

例如,17世纪的法国,设计各式各样的喷水和瀑布,把水作为象征贵族权利的庭院的重要装饰要素(图3.81)。

此外,把河水和大海引入建筑设计中,在其相关区域建设魅力广场(图3.82)。

日本在平安时代以后,水作为设计的重要因素被大量采用。作为表现极乐净土的重要因素,寺庙大多配置泉池。到了江户时代,诸侯官邸出现了各式庭院。大多把水池放在中央,在其周围设置小溪流水和瀑布,以模拟大海、湖泊等自然因素,突出水因素在设计中的应用(图3.83)。

水的形态与设计要素　　　　　　　表3.16

| 形态 | 设计要素 |
| --- | --- |
| 落水 | 自然瀑布、瀑布造型 |
| 溢水 | 水池、沼泽、泉水、湖泊大海 |
| 流水 | 急流、缓流、蜿蜒、溪流、运河 |
| 喷水 | 涌水、喷泉、间歇泉 |

图 3.81　欧洲的庭院喷水(法国凡尔赛宫,17世纪)

图 3.79　无障碍厨房[8]　　图 3.80　可以亲近的喷水(罗马特雷维喷泉)

图 3.82　大海与广场(威尼斯圣马尔科广场)

图 3.83　江户时期的庭院（兼六园）

图 3.84　威尼斯运河

### 3.6.5　娱乐空间与水

世界各地的观光客到访的土地，大多把水作为景观魅力的重要一环。说到水城，海外的威尼斯（图 3.84）自然首当其冲。日本国内的著名旅游胜地可以说几乎无一例外的都把河流、湖泊、大海作为重要的组成因素。

图 3.85 是水景观景台实景。广场毗邻海边，是观赏日落的绝佳空间。

图 3.85　大阪南港 ATC 海滨

人工开发的休闲、娱乐中心积极引入水景的案例也很多。长崎的荷兰村、迪士尼乐园就是其代表。在这些设施中，所到之处都运用湖泊、运河、喷水、瀑布等形式把水景展现在游客面前，使游客在水环境中逍遥自在。

在人工湖泊、河流中引入喷水、瀑布等景观，关键是如何利用抽取或者抬高水位并使水能够循环的能源利用问题。为了节约能源，采取不时地关闭水泵电源的做法，实属悲哀，不可取。在意大利、西班牙常见的古代时期的喷水（图 3.86）没有依靠人工能源，都是利用虹吸原理运行。应该多学习先人的智慧。

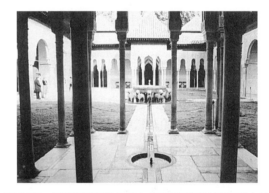

图 3.86　运用虹吸原理的喷水（西班牙格兰纳达阿兰布拉宫殿，13 ~ 14 世纪）

### 3.6.6　与生物亲近的场所

作为小型生态系的生物小生活圈，水当然不可或缺。把曾经消失的生物重新引到城市中，重新梳理人类与自然疏远的关系，建设生物小生活圈是行之有效的方法。例如，在街区建设荧光河、蜻蜓池等小型生物栖息地，可以找回新生代的原风景，为下一代提供接触自然的机会。这种做法得到了市民的积极响应，正在全日本各地掀起生物小型栖息地建设高潮。

### 3.6.7　水的对策

水是生物维持生命不可或缺的贵重资源。但在另一方面却影响人类舒适生活，甚至威胁人类的生命。水很容易从建筑物的微小缝隙渗入房间内，腐蚀建筑材料，使房间潮湿，产生难闻的气味。

因此，阻断和排除建筑物雨水，是建筑设计最重要的内容之一。

### a. 防雨和防水

建筑屋顶防水，主要有附加砖瓦或瓦楞铁的修葺式防水（刚性防水）和采用沥青、涂膜等的柔性防水。此外，屋顶不能积水，要设法排出雨水。为此，屋面需要做一定的坡度，坡度大小与屋顶铺设的防水材料有关系。

涂膜防水的屋面坡度是 1/100 左右，修葺式防水（刚性防水）与修葺材料和方法有关，通常的坡度是 2/10 ～ 4/10 之间（表 3.17）。浴室等使用水的房间地面也要做适当的排水坡度。

### b. 排水

排水分为厕所污水排水，洗涤、洗澡等杂排水，雨排水等。排水必须排入室外的市政公共排水管口。设计必须考虑雨水相关空间的排水点至市政公共排水管口之间完整的排水通道。排水方式分重力排水和机械排水。重力排水是利用排水标高高差，依靠水自身重力自然流出的排水方式，也叫作自然排水。机械排水是将排水汇集到室内集水坑，使用水泵强制排水的排水方式，多适用于地下室等不能使用自然排水的情况。重力式排水主管和横向水平支管，根据其管径要做 1/50 ～ 1/200 左右的坡度。

此外，排水会产生潮湿、异味等问题，所以要精心选择通风和回水弯管种类。

### c. 维护保养与设计

建筑设计的主要目的，就是创造优美舒适的环境。但是，用于雨水、污水处理的雨水管、排污沟等，尽管都是属于不可或缺的建筑要素，却从审美的角度无法得到认同。装修一新的建筑外墙上附着的成品雨水管，横放在建筑物前面的铁制雨水箅子等，都是设计师的无奈选择。虽然可以采取内置式把雨水管藏起来，却带来清洗和替换困难的问题，给建筑物的维护增加了费用和负担。

景象宫大厦（图 3.87）建筑设计在解决上述问题方面做得比较好。该大厦设计特意将雨水竖管露在外墙外侧，把雨水管作为建筑正立面设计的重要因素，巧妙地设置排水沟，使排水沟与周围协调一致，肉眼分不清排水沟和雨水管的存在（图 3.88、图 3.89），该设计被其他建筑物广泛效仿。在营造美丽环境中，只要在设计上动动脑筋，就可以把许多负面影响转化为正面效果。这方面的可挖掘潜力很大。

### 3.6.8　地球环境与水对策

地球上的水，海水占 97.5%，淡水占 2.5%。不过，人类可使用的干净水只有 0.007%。因此，

（a）

**图 3.87**　把雨水竖管当作建筑设计要素的办公大楼（景象宫大厦，东京，设计：日建设计，1966 年）（a）外景；（b）雨水竖管构造与水平百叶

#### 屋顶材料与坡度的关系　　　　表 3.17

| 屋顶修葺材料 | 屋顶坡度 |
| --- | --- |
| 瓦屋面 | 4/10 ～ 5/10 |
| 波形石棉瓦 | 3.5/10 ～ 5/10 |
| 瓦楞铁（修葺帽檐） | 1.5/10 ～ 2.5/10 |
| 涂刷沥青 | 2.5/10 ～ 5/10 |
| 油毡防水 | 1/100 |

**图 3.88**　排水沟的盖子与地面材料取得一致的设计[9]

**图 3.89**　把雨水管隐藏在接缝处的设计[10]

珍惜利用有限的水资源，使其不受污染非常关键。

　　在建筑设计中，也要做到有效利用水资源，探索与自然循环相近的水处理方法。有很多把雨水、地下水、生活排水在建筑内部经过处理循环使用的方法。其中利用雨水建设的循环型小型生物栖息地和水渠，是在建筑用地范围内创造小型生态系统的很有效的方法。它可以用作孩子们的游乐场所，可以接近小型动物和植物，是天然的环境学习场所。在日本，正在把雨水利用积极推广到环境共存型住宅建设之中。

　　从环境角度看，透水性铺装材料对于水处理很有效（图 3.90）。与以往的沥青、混凝土不同，透水性铺装材料可以使雨水适当循环。在沥青、混凝土制作的城市地面，雨水不能渗透到地下，只能利用排水沟等下水道把雨水直接排入大

海。其结果是，招致热岛效应、水资源枯竭，以及下大雨时下水道通道不畅引起的洪水泛滥等问题。使雨水渗透到地下，是解决上述问题的有效措施。同时还可以促进城市绿化，有助于形成地下生态系统。

　　在京都被保存下来的传统并行街区，每到酷热的夏天，就会进行"洒水"活动。利用水的气化降低地表面的温度，同时利用气压差加快通风。这种物理性措施在炎热的夏季很有效。"洒水加竹帘子"等描述夏季的即景诗，充满了昔日的生活智慧。在今后的环境规划中，也应当活学活用人类积累的智慧。

**图 3.90**　透水性铺装材料

# 参 考 文 献

1 ）　彰国社編：環境・景観デザイン百科，建築文化 11 月号別冊，彰国社，2001

2 ）　進士五十八ほか：風景デザイン感性とボランティアのまちづくり，学芸出版社，1999

3 ）　岡田光正ほか：建築計画 1，鹿島出版会，2003

4 ）　竹山博英：ローマの泉の物語，集英社，2004

5 ）　光藤俊夫・中山繁信：建築の絵本すまいの火と水／台所・浴室・便所の歴史，彰国社，1984

6 ）　Modern Living，No.149，2003

7 ）　トータル・ランドスケープ＆ウォータースケープ，グラフィックス社，1990

8 ）　バリアフリー住宅あたり前に暮らす家，住宅特集別冊 No.50，新建築社，2000

9 ）　豊田幸夫：建築家のためのランドスケープ設計資料集，鹿島出版会，1997

10 ）　宮脇檀建築研究室：宮脇檀の住宅設計ノウハウ，丸善，1987

11 ）　Alfonso de Franciscis：ポンペイ，Interdipress，1972

## 3.7 绿色：植被

随着生活环境的快速人工化，人类越来越期盼自然。从建筑设计的现状看，采用白茬木头等天然材料作为建筑装饰材料的倾向也已出现，在生活环境中引入绿色植物的设计也渐渐多了起来。在环境规划中，充分了解绿色特性，与建筑主体一并规划是今后的设计方向。

### 3.7.1 环境规划与绿色
#### a. 人类与植物的关系

人类与植物的关系经历了以下四个阶段：

第一阶段，人类尚没有掌握植物栽培技术，只是摘取植物的果实作为食物。这个阶段是人类最原始的阶段，仅限于和野生植物打交道。

第二阶段，人类掌握了植物栽培技术。这个阶段，人类开始定居，组成群落。

第三阶段，农业生产得到很大发展，食物出现富余。这个阶段，植物除了作为食物以外，还可以开发观赏。随着自然渐渐被人工环境所替代，为了弥补居住环境中自然的缺失，人们开始建造庭院。在此阶段出现了各种如室内插花、府内庭院、城市公园等自然绿色。在英国，面对产业革命所造成的城市环境恶化，在郊区建设了充满绿色的工作场所和居住地，被称作田园城市。

第四阶段，是环境保护阶段。这个阶段，为了防止地球变暖和城市热岛效应，大力推广保护森林和城市绿化。

#### b. 生命的颜色

绿色也是颜色的　种，通常多用于代表草木。沙漠地带中的点点绿树为生物提供遮阳和食物，让生物维持其生命。绿色是生命之色、乐园之色。沙漠地带的许多伊斯兰清真寺使用醒目的绿色砖瓦，最能反映沙漠民族的心理。被植物覆盖却一定要度过严冬的地域，人们常常期待草木发芽的绿色春天。绿色象征着生命的复活。尽管各地的风土有差异，但是人类的生活始终离不开绿色。

让我们也跟着进入下面的造园空间，即庭院、公园的绿色空间。

### 3.7.2 造园空间与绿色

"造园"一词，源于中国明代的《园冶》，日本自大正初期开始使用，直到现在仍然沿用。以前也叫作作庭、造庭、筑庭，主要以庭院作为制作对象。1925 年成立的造园学会在其宣布的未来规划中写道："作为人类生活环境的物质性秩序构成，力求自然与人类社会的和谐融合，大力发展保护和培育健康、美丽、舒适的绿色环境技术"。特别强调绿色环境的重要性。草木对风土非常敏感，同时还反映地域文化。从世界范围看，庭院的样式大体上可以划分为建筑式（几何学式、整体式）和风景式（自然式、散落式）两种。

#### a. 建筑式庭院（图 3.91）

这种形式在意大利、法国、德国、西班牙等国家比较盛行。其特点是面对自然强调人类造型。把树木剪接成几何形状或鸟兽形状，种植花草强调图案的效果，利用喷水、水墙、小瀑布表现水。岩石直接作为石材，庭院路多为直线型。

#### b. 风景式庭院（图 3.92）

风景式庭院在英国、中国、日本等国家比较流行。其特点是：顺其自然，强调协调，尽显原有自然魅力。植物和岩石的布置模仿森林和山，使用水景也大多联想瀑布、溪谷、湖泊、大海，庭院路选择自然曲线。

**图 3.91** 建筑式庭院（德国慕尼黑宁芬堡宫殿庭院，18 世纪前半叶）[5]

**图 3.92** 风景式庭院（桂离宫鸟瞰，京都，江户时代初期）

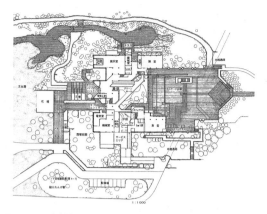

**图 3.93** 建筑物与庭院一体化设计（爱知县绿化中心，设计：爱知县，中村一、泷光夫，1974 年）[2]

**图 3.94** 出入口大厅绿化（大阪东京海上大厦，设计：鹿岛建设，1990 年，摄影：三岛叡）[4]

两种庭院的特点和区别明显。但现在同一庭院混合使用两种方式的情况越来越多。例如：在建筑物附近采用建筑式庭院，离建筑物较远则采用风景式庭院等。

### 3.7.3 绿色与建筑
#### a. 外部空间与绿色

建筑设计必须一并考虑建筑物设计与外部空间规划。把建筑物当作情景，则外部空间就是地，要想创造舒适的环境，需要综合规划建筑物和外部环境（图 3.93），不能把外部空间简单认为是残存空间。

外部空间通常都规划为庭院。"庭院"一词是比较新的词汇，原先的庭和院各有不同的含义。庭原先指人的某种活动场所（广场），与植物没有多大关系，以敞开作为其特征。院子原先指种植蔬菜、果树、花草的封闭场所。到了明治中期，庭和院以人类生活的房子为媒介，组合在一起，成为新的单词。到了现代则当作具有审美和功能的空间区域使用。水和绿色是庭院的重要组成因素。

外部空间由接近空间、以观赏为主的前庭、以服务功能为主的后庭组成，每个部分的空间制作方法各有不同。造园对象包括中庭、草坪，甚至还包括离开地面的屋顶空间。有时在内部空间也要引入绿色。在室内庭院和出入口等大空间，还可以种植高大树木（图 3.94）。公寓的室内可以种植观叶植物，阳台等处可以培育盆栽花草。

在屋顶、阳台、室内等处培育绿色，务必要研讨日照条件和用水条件。

#### b. 与建筑同化的绿色

绿色与建筑的关系要求绿色更加与建筑一体化，使这种有机联系占据设计概念的中心位置。建筑师石井修始终坚持融合于自然的居住设计，他设计的绿色栖息之家随着时光的流逝，逐渐与自然同化成为一体（图 3.95）。

### 3.7.4 绿色的特性与造园规划
#### a. 绿色的功能

在环境规划中，树木和花草等植物具有：形成树荫、覆盖地表缓解温度变化、提高土层的保

**图3.95** 与绿色同化之家（石井修自宅，设计：石井修）[6]

水性、吸收二氧化碳和释放氧气等物理性功能。此外，美丽的绿色还可以治愈内心创伤，对人的心理有很大作用。树木可以遮挡视线（图3.96），阻止强风的侵袭。砺波平原（图3.97）和出云等地的防风林很有名，在阪神、淡路大地震时还阻止了火灾的蔓延。

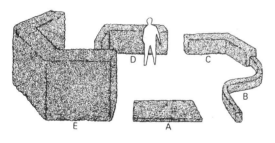

A 10cm以下（淹没脚踝的高度，可覆盖地表）
B 50cm （膝盖的高度，可指引方向）
C 100cm （齐腰高度，可阻止人、车的行进方向，心理上感觉被包围）
D 120cm （齐腰或没胸前的高度，可围成人）
E 150cm以上（眼前的高度，可作为包围的区域）

**图3.96** 树木的遮掩作用[2]

**图3.97** 砺波的防风林（富山县）

在造园规划中，要灵活运用绿色的诸多特点（表3.18），选择与空间特性相吻合的植物种类。

例如，作为夏日遮阴、冬天采光，则可以选择落叶树种；若想一整年欣赏绿色，则要选择常青树种（图3.98）。

穿过树间吹来的风，清爽宜人，完全可以作为规划内容。花草的清香、聚集在树上的鸟啼声等，环境规划要灵活运用绿色的各种功能，综合考虑适合人类健康和舒适生活的美丽空间。

### b. 有生命的绿色

在造园规划中必须懂得草木是有生命的。在绿色规划中务必留意以下四点：

①成长变化：具有生命的东西都会随时间生长和枯萎、腐朽。在环境规划设计中必须考虑这种变化；

②气候、风土：草木受气温、湿度、日照等气候、风土的影响很大。气象条件受季节的影响也很大，逐日变化显著；

植被的功能 表3.18

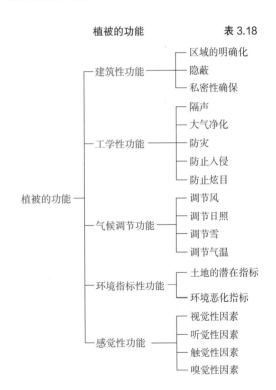

③土地条件：平地与斜坡，斜坡又划分为北向斜坡和南向斜坡，土壤的性质，水环境等，都会影响草木的生长；

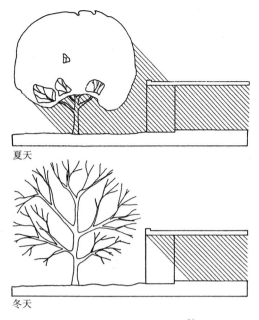

夏天

冬天

**图 3.98** 落叶树种的效果 [3]

④维护管理：既然是有生命的东西，自然要施以照料，使之维持生命。平常的浇水、定期的修剪等问题，必须在规划、设计阶段具体规定。

实施规划时，要综合考虑以上条件，选择适宜的植物种类。有本事的园艺能人都借鉴好的经验建造庭院。

如今是地球环境时代，绿化环境可以提高绿色植被覆盖率 [1],[注1]，缓解城市的热岛效应，防止地球变暖，为环境保护做出贡献。在环境规划中绿色的作用越来越重要。

## 参 考 文 献

1） 田畑貞寿：岩波講座現代都市政策 VII「都市の建設」，岩波書店，1973

2） 日本建築学会編：建築設計資料集成 10「技術」，丸善，1983

3） Robert T. Packard 編：Ramsey/Sleeper Architectural Graphic Standard, Seventh Editon, John Wiley & Sons，1981

4） Office Age，No.14，コーポレイトデザイン研究所，1991

5） 週刊朝日百科「世界の歴史」，No.95，朝日新聞社，1990

6） 石井修ほか：家家，学芸出版社，1984

注1 绿色植被覆盖率：在城市区域，某处相对独立的树林地、草地、水田、旱田、水边地等，可以划定的土地叫作绿色植被覆盖地，绿色植被覆盖地在城市区域所占比率称为绿色植被覆盖率，大阪府的城市街区绿色植被覆盖率的目标是 15%。

# 4

# 节能与建筑设计

建筑师理查德·罗杰斯设计的法国波尔图市法院综合设施形状
独特，总共拥有 7 个法庭。

罗杰斯在设计中，试图利用自然通风替代空调设备，把传统啤
酒作坊的蛇麻草烘干器的形状引入设计。利用该形状的特点，
将用水冷却的新风送进各个法庭后又自然地向外排风。

建筑物的节能大体上可以分成建设期、使用期、废弃期三个阶段。其中使用期的能源消费约占一半。本章节以建筑物使用期的节能为主题，概述有关设计问题。

## 4.1 现代建筑所需的节能设计

### a. 节能背景

我们利用冷暖房为首的各种设备，以巨大的能源消费为代价，控制自然并获得舒适的室内环境。我们一直以为，在这样的建筑中生活是进步的表现。但是，我们现在确实面临保护地球环境的问题。要立刻解决这个问题肯定是困难重重，不过我们可以重新梳理必须节能的所有背景。不难发现，节能背景有两个侧面。

第一个侧面是能源尤其是石油能源的枯竭问题。毫无疑问，如果保持现状，迟早有一天石油资源会枯竭。为此，我们必须快速推进节能，开发利用自然能源、废热等未开发能源，使能源结构发生质的转变。

另一个侧面是减少废弃物尤其是二氧化碳的减排问题。二氧化碳占温室气体的绝大部分，照着目前的状况继续向大气排放二氧化碳，地球的变暖速度会加快。为此，全世界都在强烈呼吁降低二氧化碳的排放。二氧化碳主要来自人类的能源消费，可见，要想降低二氧化碳排放，必须推进节能事业。2005年2月16日发表的京都议定书也由此诞生。

现在，能源的供给和消费两方面都存在严重的问题。在这样的背景下，依靠大量的能源消费维持建筑内部的舒适环境不符合时代的要求。我们已经进入了满足各种水准的建筑节能设计时代（表4.1）。

此外，在近代建筑设计中也有不少不得不考虑节能问题的设计，有必要深入总结和汲取教训。例如，近代建筑巨匠勒·柯布西耶在20世纪30年代初期的瑞士学生会馆的设计中采用通窗玻璃（图4.1左）。为了避免夏季的炎热，加装被称作

"中和墙"的环境控制装置（图4.1右）。不仅概念设计展现如同雕刻般的建筑美，在与环境的协调上也做到深思熟虑。可以看出，节能不只是与设备有关的问题，而是与建筑设计如何对待节能关系重大。

再重复一次，建筑规划与设计要做到尽可能降低能源消费，并且尽可能减少废弃物的排放。谨记建筑物对地球环境的巨大影响。因此，为了推动节能事业[注1]，重新审视过去的不依赖设备的设计手法，学习和掌握自然能源利用方法和节能设计方法。

| 建筑设计与节能的关系 | 表 4.1 |
| --- | --- |
| （1）环境水平：<br>　　利用自然能源：太阳能板<br>　　控制自然能源：屋顶绿化 | |
| （2）建筑主体水平：<br>　　控制负荷<br>　　空间组成变化<br>　　开口部设计 | |
| （3）设备水平：<br>　　开发新设备<br>　　系统的高效化<br>　　能源的有效利用：中间期的通风 | |
| （4）构造水平：<br>　　开发新材料<br>　　开发新构造做法 | |

**图 4.1** 瑞士学生会馆（设计：勒·柯布西耶，1933年）[5]

### b. 节能方法分类

不依赖机械装置，利用建筑形态和材料进行节能设计的手法叫作被动式设计法[注II]，依靠机械装置进行节能设计的手法叫作主动式设计法（表4.2）。

主动式设计法，大体上又可以分为能源彻底转换和能源消费削减两种。所谓能源彻底转换是指加大风能、太阳能等自然能源和未利用能源的使用量，替代煤炭、石油能源使用量，从而降低

石油、核能等现有能源使用量。所谓能源消费削减，如同文字描述，通过降低能源使用量，改善建筑物和周边环境，提高设备的使用效率，降低所需的能源负荷。

尤其是近些年的夏天越来越热，这都是城市里绿地减少、沥青铺装的普及等造成的热岛效应现象所导致的。对于这种现象，不仅要在建筑设计上，还要在城市对策上采取透水性沥青铺装道路等措施积极应对。总之，从用地规划、平面规划等建筑规划到结构形态、材料选择、设备规划，必须采取综合性节能措施。

节能设计，从小型住宅建筑到办公大楼等大型建筑，都需要官方和民众一起实施。而且要做到所设计的空间适合节能，所选用的设备是优秀的（图4.2）。意念性建筑设计必须包括节能技术，培育优秀的节能设计师已成为建筑设计领域的当务之急。

**图 4.2** 采取各种节能方法的案例（英国森斯伯瑞·格林尼治分店，引入顶棚采光和屋顶绿化）

### c. 建筑物使用年限与节能

建筑物在建设期、使用期、废弃期的不同节点，都要做好节约能源和资源（表4.3）。尤其是对生活中过度强调舒适性的问题进行必要的思考和反省。这一点应该向欧洲等先进国家学习。在建设期和废弃期，材料成为主要问题，着力点要放在材料的使用上。而在使用期，其形态成为主要原因，使用期的能源消费约占总消费量的一半。建筑物在使用期的节能与设计关系密切，以下重点阐述与之相关的话题。4.6节会涉及建筑物在建设期和废弃期的节能问题。

### d. 能源使用量的随时间变化（分别使用重油/柴油/燃气/电气）

每一个建筑物的使用都要考虑使用能源随时间的变化，其原因有二：

其一是设法降低高峰期的能源使用量。众所周知，夏季是用电高峰期，是用电负荷最为紧张的时期。建筑设计如何应对这种季节性变化，将成为今后的重要课题。例如，利用白天废热可以减少向外部排热，进而减轻热岛效应现象。

其二是设法利用未使用能源。白天和夜间，能源使用差别很大。当夜间的电能有富余时，可以采取蓄热等能源转换方式。建筑物的使用用途不同，其能源消费量也存在巨大差别。所以，不是一味地实行节能，而是根据不同的建筑物，采取适当的节能方式和方法。

| | 节能方法种类 | 表 4.2 |
|---|---|---|
| 主动式方法 | ·彻底转变能源利用<br>利用自然采光、自然通风<br>推广使用自然能源（太阳能、太阳热、风能、水力、地热等）<br>开发剩余能源（废弃物燃烧热等）回收方法（新一代技术等）<br>开发新型燃料（生物、燃料电池、乙醇燃料等）<br>·减少能源消费<br>提高能源使用效率：改善动力设备、照明与OA设备，节约用水<br>运用优秀的维护管理方法：空调设备运营管理，调整使用条件 | |
| 被动式方法 | ·控制能源负荷<br>降低冷暖负荷：调整冷暖温度，减少空气吸入量，遮挡光照，缓解标准要求，送水加湿冷却，屋顶散水、绿化的蒸发冷却<br>改善建筑设计：调整方位、形状、角落布置、开口部，利用地下空间<br>改善环境：提高墙体、屋顶的气密性和隔热性，引入蓄热系统 | |

（1）建造期间的节能：开发、改良墙体等材料

　　生态材料开发：半透明隔热材料、光伏电池、新型玻璃

　　材料改良：沥青、纸张

（2）使用期间节能：根据空间形态，布置节能

　　调整生活条件：调整照度、温度等室内条件

　　使用自然能源：太阳能、风能、雨水、冰蓄热、雪蓄热

　　提高能源使用效率：设备改良、能源回收、照明、空调、新一代技术[注9]、燃烧热、废热利用

　　加强环境功能：自然通风与换气、气密性、隔热性、屋顶绿化

　　遮挡阳光：反射玻璃，帽檐、帘子

（3）废气时期的节能：空间、材料的重复利用

　　延长建筑物寿命：降低废弃物的数量

　　空间、材料的再利用：改变空间使用用途，钢、混凝土的再生

## e. 采用自然能源的节能

节能的实质，可以认为是如何利用"光"和含空气的"热"的问题。光能被镜子反射时，会改变其方向（图4.3）。利用光纤维板之间的相互反射，可以实现室内采光的目的。

热能，根据其传播方式，可以划分为①辐射；②传导；③对流三个类型（图4.4）以及作为热损失的④空气泄漏。只有掌握这些特点，才能与节能挂上号。节约热能还包括⑤蓄热利用。

采暖房间应当做到：大量吸收外部热能，提高保温性能减少室内热能的损失。热源分为从外部引入和自己制造。从外部引入的热源进一步划分为引入自然能源和利用燃烧排热的集中供热系统。不管是哪一种采暖方式，都应该积极推广节能技术。

另一方面，制冷正好与采暖相反，要求阻断外部热能的流入和高效排出内部产生的热量。对建筑物来说，热移动主要是靠热辐射和热传导为主，只有有效控制热移动，才能降低热负荷。

有关④空气泄漏的对策，基本上就是房间的高气密化。此时，为了防止房屋装修综合症的发生，有必要进行强制性换气，还有开口部无论如何都会存在空气泄漏，所以以前的办公大楼门口都设置门斗，最近采用更有效的旋转门的例子很多，采用机械式大型旋转门的建筑物也很多。不过，机械式大型旋转门会给不懂事的孩子、行动不便的残疾人和老年人带来不安全因素，在六本木的希尔兹大厦曾经发生过安全事故（参见2.3节注

12）。所以，不能安排固定服务人员的情况，最好避免采用此类装置。

有关⑤蓄热利用的方法，冬季可以考虑白天

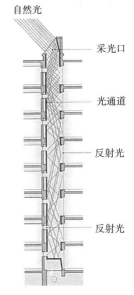

**图4.3　太阳光的引入方法**

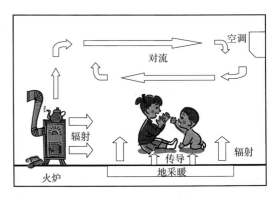

**图4.4　热的传播形式**

蓄热、晚间释放热的一些方式。夏季可以关注水、冰雪的巨大潜热性质，采用一些制冷用蓄热设备（如图4.11）。现在已经开发出利用夜间未利用能源使水转变成冰能的设备（图4.10）。[注3]

## 4.2 利用自然能源的节能设计

### a. 自然能源与建筑

自然能源以太阳能、风能、水力为代表，还包括冰雪、地热、潮汐等能源。此外，作为热能，生物能源[注14]受到广泛瞩目。目前这些自然能源的利用，基本上处在小规模和分散型，大规模和集中型还是由商业能源提供。

在自然能源领域，风力发电越来越贴近我们的生活。不过，提高发电效率需要翼展高达50m以上的风车。丹麦的风力发电很发达，由于高大风车产生噪声而且景观也受到影响，开始缩小和取消风力发电规划。在日本也担心风车对候鸟的伤害。[24]虽然需要推广使用自然能源，但是，不要忘记兼顾自然景观的保护，要以经济可行性为前提。

### b. 被动式太阳能系统

建筑物的设计和所采用的材料符合地域气候，提高建筑物的集热、蓄热、隔热、气密性，使建筑物整体的能源使用效率得到提高。做好建筑物内部通风设计，做到冬天使用太阳能供暖，夏天利用架空层制冷。这种采暖制冷系统，我们通常称作被动式太阳能系统（图4.5）。[注7]

利用开口部直接获得采光的方法最简单有效。[注2]利用自然阳光减少照明能源或者作为热能的辅助热源。不过，被动式方法与气候变化关系较大，是不确定性方法。此外，像日本那样南北距离较长的国家，各地的气候差异较大，不可能采取千篇一律的方法。所以采取如下主动式组合方法谋得节能，显得更为重要。

### c. 主动式太阳能系统

主动式太阳能系统[注8]是指使用机械动力把太阳能转化为其他形式能源的系统的总称。这种系统可以分为热能利用系统和光能利用系统两种。

太阳能通常使用集热器来蓄热，可以利用液体或者空气传送其热能。

目前最为普及的集热器是太阳能热水器（图4.6）。太阳能热水器一般设置在屋顶，是一个利用太阳能加热循环水的系统，已经获得很好的效果，在日本的普及率也许是世界第一。在阳光明媚的白天，热水温度可达夏季70℃，冬季40℃左右，对私人住宅的热水供应没有任何问题。集热板和蓄水槽为一体的太阳能热水器是最为常见的一种。储水槽的水约300kg重，如果安装不当，会使屋顶变形，造成屋顶漏雨。冬天容易结冰，需要设置加温装置，尚存在使用不方便之处。还有，售后维护实行有偿服务，需要经常性的设备清洁维护。

另一种是集热板和蓄水槽相互分离的太阳能热水器，这种热水器把集热板放在屋顶，把储水槽放在室内（图4.7）。这种热水器重量轻，可以把循环水做成不冻液体，解决冬季结冰问题，是一款比较理想的家用热水器。不足之处是价格较高。

太阳能电池即把太阳能转化为电能的系统，

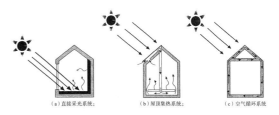

（a）直接采光系统；　（b）屋顶集热系统；　（c）空气循环系统

**图4.5** 被动式太阳能系统的基本思路[1]

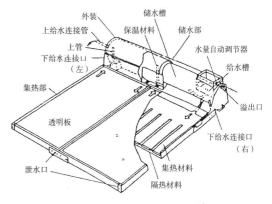

**图4.6** 太阳能热水器构造[9]

也得到较好的普及（图4.8）。这种系统虽然受天气影响较大，但是发电效率较高,达到一定的电量,可以出售给电力企业,现在的普及速度非常快。

还有一种新产品是门窗玻璃与光伏电池的组合产品。这种光伏电池板可以弯曲,设计的自由度较高,在曲面玻璃中也可以使用。它与烟灰色玻璃类似,透光性比一般玻璃差,反过来可以中和夏天的阳光直射。

对太阳能热水器和光伏电池的设置位置,如果是高女儿墙屋顶,女儿墙可以挡住视线,设计上无需特别考虑。不过,如果是坡屋顶或设置在窗户上,设备可以看得见。设计时,在美观上要适当考虑。

### d. 其他利用自然能源的设计

冷气输送管是指把空气管道埋在地下,冷却空气温度,提高制冷效果的系统（图4.9）。这种系统夏季可以送冷风,冬季可作为预热,主要是利用地下的相对恒温特点。但是,像日本那样的多湿地域,使用前必须先做好除湿。

冰水蓄热系统是指利用夜间的多余电能制冰,白天则利用其溶解热降低空调负荷的方法（图4.10）。同理,冬季储存冰雪,夏季利用其溶解热可以减少空调负荷,称作雪制冷系统,也已开始应用（图4.11）。

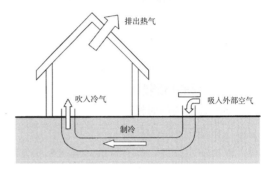

**图4.9** 制冷风管工作原理

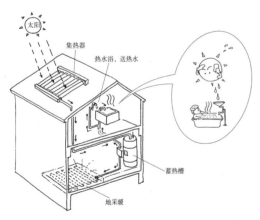

**图4.7** 太阳能热水器使用案例（野原文男）[9]

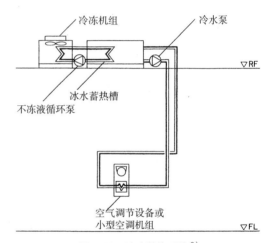

**图4.10** 冰水蓄热系统[9]

**图4.8** 太阳光伏设备使用案例（大阪大学）

**图4.11** 雪蓄热利用案例（雪町未来馆,设计:青木淳,1999年）

上述方法，都是基于能源利用的时间性变化，从而整体上达到节能的目的。

## 4.3 降低能源负荷的节能设计

正如 4.1 节所阐述的，减少能源负荷要做到：夏季阻挡日照，防止外部热的入侵；做好通风，排出内部热。冬季促进开口部等处的外部热的引入，做好隔热，防止内部热损失。下面，具体阐述其设计方法。

### a. 开口部的日照遮挡

使用冷暖空调的时候，也要注意降低空调负荷，尽量做到节能。为此，要提高墙壁的隔热和气密性能。尤其是窗等开口部的隔热和气密性能较差，应优先对其采取相应措施。

在日本，建筑物不同位置的墙体所接受的日照热量相差很大。在夏季，为了降低制冷负荷，要遮挡日照；在冬季，为了降低采暖负荷，要引入日照。具体地说，位于南面的窗户应当设置房檐等遮挡日照装置；在房屋的东西侧布置设备间等不需要窗户的房间，全部采取隔热性好的实墙。

开口部的日照遮挡，包括开口部的外侧、玻璃、室内侧的各种遮挡措施。

1）开口部的外侧日照遮挡：在窗户外侧设置日照遮挡装置，其隔热效果较好。这是因为阳光很容易穿过玻璃，一旦在室内形成热量，其热辐射不再透过玻璃向外排出，而是在室内聚集。这种热辐射效果对温室是求之不得的好事情，但是对其他用途的房屋，除了麻烦以外，还是麻烦。所以，采取房屋周围种树、阻止房屋周围的日照反射、控制日照照射面、设置房檐和反射玻璃等措施，尽量阻止日照入侵（图 4.12）。

在建筑设计中，要充分认识帽檐、遮阳棚在节能方面的重要作用。因为帽檐、遮阳棚在夏季可以阻止阳光直射，而在冬季不妨碍日照的引入，兼备控制和利用能源的双重作用（图 4.13）。此外，从效果上看，遮阳棚在南面横向布置，在东西面纵向布置为佳。

图 4.12　节能形态建筑设计（伦敦市政厅宿舍，设计：诺曼·福斯特）

图 4.13　遮阳棚的设计案例（蚕茧之家，设计：P·鲁道夫）

在住宅中经常看到窗户没有设置帽檐的设计作品。也许是建筑师刻意追求建筑物的立面效果。即便如此，也应该采取从前的芦苇帘、垂帘、最近叫作遮帘的遮挡日照措施（图 4.14）。

此外，需要引起注意的问题是，这些挂在外部的装置一旦飘落，有可能酿成较大事故。能够抵抗台风是设计必须做到的事情。

2）玻璃面遮阳：当把玻璃作为遮阳考虑时，可以选择热反射或者热吸收型玻璃。这些玻璃很早就被开发，种类也很多。最近采用洛伊玻璃（Low-E 玻璃）的建筑物也很醒目。从隔热性上看，复层玻璃或者中空玻璃更为有效（图 4.15）。最近还出现双层玻璃中间吹入空气的充气式窗和双层玻璃中间设置卷帘式遮阳屏的充气式遮阳屏窗（参照 2.2.4），节能效果都不错。夏季利用玻璃中间的遮阳屏抵御阳光直射和通过室内送风，达到节能的目的。而到了冬天，充分利用双层玻璃良好的隔热性能，自然也能达到节约采暖能源的目的。

不过，采用充气式双层玻璃窗时，要处理好玻璃面的清洗问题。

在不同地域或者开口部的大小和方位不同，使用玻璃时的节能效果也不尽相同。设计时必须

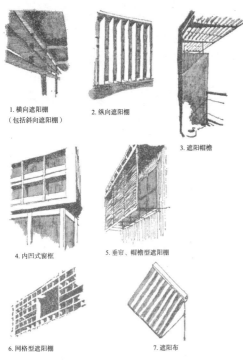

1. 横向遮阳棚
   （包括斜向遮阳棚）
2. 纵向遮阳棚
3. 遮阳帽檐
4. 内凹式窗框
5. 垂帘、帽檐型遮阳棚
6. 网格型遮阳棚
7. 遮阳布

**图 4.14**　各式遮阳棚的设计案例 [15]

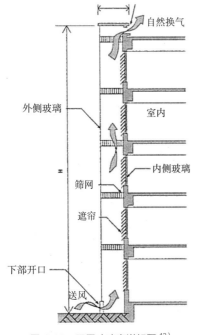

自然换气

外侧玻璃

室内

筛网

内侧玻璃

遮帘

下部开口

送风

**图 4.15**　双层玻璃窗详解图 [13]

充分考虑各种影响因素。最近开发出不受地域、方位影响的高性能节能玻璃。可以控制采光量的材料（调光材料）、既透明又隔热的材料（透明隔热材料）等都在相继开发，设计应该关注业内新型材料的开发动向。

3）室内的日照遮挡：室内遮阳方法中，遮帘、窗帘等是一直沿用的遮阳方法。不过，如同前述，在窗帘中积聚的热量会向室内释放一部分热量。也就是说，在室外采取遮阳，其效果要好于室内采取遮阳。

**b. 保证通风、自然换气**

室内换气分机械式换气和自然式换气，从节能角度当然要选择自然换气。在依靠制冷设备之前，应优先考虑依靠通风的外空气制冷方法。在日本，始终认为把开口部设置在夏季主风向（卓越风向）是一般性常识。通风的要点是，设置好风的入口和出口，保证风在室内的畅通。此时，从房屋下部吸入外部冷空气，从房屋上部排出热气最为有效。

正确把握季节风向是进行自然通风的保证。更进一步，对应风向的开口部位置、与室内温差相对应的窗面高度、没有障碍的通风路径等，都是设计的重要因素。在设计之前，调查该建设用地一整年的气象资料和风向数据。它是基本设计中的基础资料（图 4.16）。

**c. 利用隔热节能**

前面也讲过隔热在冬季的节能作用，下面再谈谈带保温建筑设计中的热控制方法（图 4.17）。例如：经常遇到制冷时阻止外部热量流入和室内热量的控制、采暖时吸入外部热量和室内热损失

**图 4.16**　自然通风设计（名护市政厅宿舍，1981 年）[25]

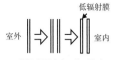

低辐射膜

室外 ⇒ ⇒ 室内

a. 采用多层玻璃，使对流和辐射难以发生。总体上，热对流也较难发生。

b. 多层玻璃窗不能阻止阳光透射，采暖期利用较好。

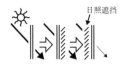

日照遮挡

c. 日照遮挡设置在窗户外侧，采取自然防止阳光辐射的方式较好。

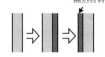

隔热材料

d. 在墙体外侧做隔热，可激活墙体热容度，可以使墙体冬季蓄热、夏季蓄冷。

**图 4.17** 控制热流的方法 [13]

控制等问题。解决这个问题的方法是，除了提高隔热性能以外，尽量减少建筑平面的凹凸形状。在空旷的房间，采取较高的顶棚时，会降低采暖效果。厨房等处由于用火做饭温度较高，制冷效果也较差。针对这些问题，设计必须采取更为贴近的措施。

### d. 屋顶绿化

屋顶绿化可以降低热负荷。如果考虑成本，采用屋顶隔热更合适。在综合考虑人的视觉效果等各种因素的基础上，决定是否采用屋顶绿化。除此之外，建筑周边的植树等都可以作为建筑物与外部热之间的缓冲空间，其做法各式各样。

## 4.4 办公大楼的节能设计

### a. 办公大楼的节能事项

在 20 世纪 70 年代的石油危机爆发之前，办公楼的设计很少涉及节能话题，只有一部分大楼的设计走在节能先驱行列（图 4.18，参见图 3.87）。石油危机以后，包括保护居住环境在内，节能意识成为主流。例如：大林组技术研究所办公楼在石油危机后先后两次提出 98 项节能项目，实施大厦节能改造，使能源消费量减少 1/4。不过，随着办公设备的普及和智能信息大厦的出现，办公大楼的设计又重新回到了大量消费能源的轨道。

随着地球环境的日益恶化，节能再次受到瞩目，改善居住环境和节约能源的设计思路不断呈

现。其设计特征表现为：过去是围绕着设备谈论节能，如今是从建筑物整体上考虑节能；在选择房檐、阳台、材料以及光伏发电、通风、雨水利用等周边环境上，也都从节能的角度纳入建筑设计中（图 4.19）。

现在的办公大楼能源消费结构，空调占据年间能源消费量的 50%，照明占据年间能源消费量的 30%。尤其是，随着劳动环境的改善和电脑的普及，照明等用电量呈逐年增加的趋势。可见，减少空调负荷和节约用电（变频化等）是办公大楼最大的节能标的物。现在比较盛行的做法是：把以前的按照大楼整体（环境）统一配置空调和照明，改为按照个体（工作）配置相应的空调和照明。[注6] 固定办公桌周围的照明和温热环境当然

**图 4.18** 引入外空气利用系统的大厦案例（大阪大林大厦，1973 年）

**图 4.19** 引入自然通风的真空型大厦（新宿 NS 大厦）

要好，走廊等允许暗一些、热一些的地方，自然可以降低空调和照明使用量。

还有，从阶梯式利用能源（按照顺序，从高品质到低品质的能源利用）的观点上看[注5]，期待出现高温时用于发电，到了终端低温时用于生活热水的高新技术。

节能法所标记的节能指导方针，列举了PAL[注12]、CEC[注13]等若干项办公楼节能评价标准。例如：PAL规定：距外墙5m以内区域[注2]，1m[2]年间热负荷合计应低于80Mcal（图4.20）。最近出现了重视环境性能，控制总体流量的节能举措，也很有特色。

### b. 节能办公楼建筑规划

各种建筑物的设计都会遇到节能问题。特别是规模较大的办公大楼，在用地条件、建筑物总体规划、建筑布置、外立面、房间布置、细部构造等各个部分，可挖掘的节能潜力很大。其中在建筑外皮上下功夫，可以降低依赖机械设备的比例。也就是：①光环境：并用自然采光和人工照明；②空气环境：并用自然通风和机械换气；③热环境：并用未利用热和机械冷暖设备。这种组合式利用法很重要。当然，建筑规划、结构规划、环境规划之间的关系很密切，节能设计必须兼顾上述关系之间的影响因素。

以下围绕建筑规划详细介绍节能设计。

1）建筑物的整体形状：从建筑物的形状上看，面积相同时，正方形的热负荷[注10]最小。长方形的纵横比越大，年间热负荷就越大。对长方形来讲，长轴方向为南北向时其热负荷较小。所以，建筑物的布置和方位与建筑节能有较大的关系。

2）剖面形状：建筑物层高越低，容积就越小，相应的热负荷也较小。可是，建筑物的寿命比较长，考虑到使用期间空间用途的改变，办公楼的层高一般都比较高。所以，节能设计必须适应这种变化。墙面绿化、倾斜的墙面和玻璃面，对遮挡阳光直射有较好的效果（图4.21）。

还有，照明占能源消费总量的25%，进行设备改造、划分不同区域不同照明等级等的照明规划很有必要。采光规划可以采取房间进深小、顶棚采光、设置采光井、设置采光隔板（图4.22）等方法。

做换气规划时，可以选用可开启式窗以便自然换气，也可以设计采光通风筒。（图4.23）最近在超高层建筑，正在尝试电脑控制式自然通风。

3）阳光直射区域的日照遮挡：办公大楼设计通常考虑维护等问题，大多采用全玻璃幕墙。此时，阳光直射区域的隔热性能就会下降，必须采取更为有效的节能措施。

例如：窗户的位置不同，进入室内的日照量也不一样。尤其在东西侧应尽量减小玻璃面积。采取帽檐、阳台等遮挡措施（图4.24）。不过，这样做有可能带来采光不足而照明和采暖负荷增加的缺陷。如果不好设置帽檐，设置遮阳棚或者遮帘也很有效。当然还有其他控制光线的手段。

**图4.21** 使用绿化缓冲热的案例（西班牙巴塞罗那）

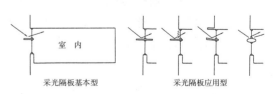

**图4.22** 采光隔板之采光规划[16]

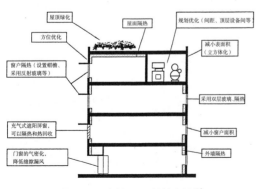

**图4.20** 降低PAL值的方法[9]

图 4.23　设计采光通风筒的建筑（英国案例）[2]

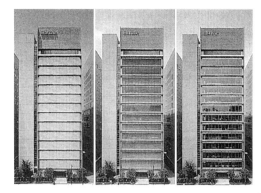

图 4.25　建筑外立面节能措施（日建设计东京大厦）[13]

图 4.24　控制日照的案例（日本软件咨询，岐阜县大恒市）

图 4.26　重视北侧采光的办公大厦（日本交通公社大厦，大阪市）
根据用地条件分析，平面设计采取南面大面积封闭，北侧采光方案，经过考察验证，一致受到好评

此外，建筑立面设计应与结构规划和防灾规划相互密切配合，从工程的观点审视建筑立面设计（图 4.25）。

4）平面规划：在建筑平面中，楼梯间、卫生间、库房、设备间等一般都布置在核心筒内，与热环境的要求没有太大关系。如果把这些房间布置在建筑外墙一侧作为热缓冲地带（阳光缓冲），可以降低建筑热负荷。建筑设计通常把这些房间布置在东西两侧作为热缓冲地带（图 4.26）。

还有，布置房间时尽量把需要空调的房间布置在一起，也能达到节能。因为与不需要空调的房间分开布置，可以缩短能量的输送距离。另一方面，办公楼的白天用电量大夜间的用电量小，而住宅却相反。鉴于这种情况，可以考虑办公楼与集合式住宅相结合的复合式建筑规划。

以上阐述了针对办公楼的各种节能设计。由于在城市空间中，办公楼是大多数人活动的场所，所涉及的评价因素也很多（成本、居住性、景观、安全等）。因此，重视节能固然没错，但是应该与其他因素放在一起综合考虑。

## 4.5　住宅的节能设计

### a. 现代住宅的能源消费状况

住宅能源消费大体上可以分为：①采暖空调；②烧水（做饭、洗澡等）；③照明三类。由于气候变化、家庭数量的增加、电气设备的大型化，导致住宅领域的能源消费量在不断增加。

因此，住宅的节能设计要求根据不同条件区别对待（图 4.27）。不过与上一节的办公楼相比较，设备能源使用量不大。在住宅的节能设计中，最有效的节能方法是降低热负荷。也就是说，最好是在夏季利用通风、夜间换气、日照遮挡等方法控制热的流入。在冬季，利用隔热、提高气密性、蓄热等方法控制热的流出。

住宅的节能设计包括：建筑物周边的措施、住宅本身的建筑规划和结构规划以及设备规划、日常生活中的措施。日本列岛南北细长，纬度差也较大，节能设计必须考虑这些地理特性。

## b. 从节能角度看日本和外国住宅

日本的住家很早以来都采取较大开口部或者设置房檐，这种形式利于通风或遮挡夏日阳光。而且只要措施得当，即便没有电扇也能保持良好的室内通风。到了冬天，在没有设备的时代，为了获得尽可能多的阳光，在建筑物的各种布置上下了许多功夫（图 4.28）。

反观欧洲，住家大多是砖瓦房子，开窗较小，墙体较厚（图 4.29）。这种形式的房子比较适合夏日凉爽、冬日严寒地冻的欧洲气候。砌筑式结构蓄热和隔热性能好，可以降低采暖负荷。沙漠地方的民居墙体也都较厚，这是因为厚墙具有在炎热的白天蓄热，到了温度急剧下降的夜里释放其蓄热的特点。总之，在这里再一次强调：建筑物的各种形状自古以来就是和当地气候、风土相适应的产物。

**图 4.28** 日本民居（日本民居部落博物馆，丰中市）

**图 4.29** 英国住宅（平屋顶房屋，小窗与厚墙）

## c. 住宅节能方法

各种住宅的节能方法大体上都一致，没有太多变化。具体由表 4.4 所示，包括：自然通风换气、房檐的阳光遮挡、提高隔热和气密性减少能源消费等。所以要根据使用能源的场所进行有针对性的规划。住宅的窗墙比通常比办公楼要大，节能设计重点要放在隔热、气密性、防潮以及窗面的处理上。

所谓的地面蓄热指的是，在冬天，白天积蓄阳光、晚上释放蓄热，防止室温下降的方法。还有，利用太阳光加热顶棚内侧的空气使温暖空气在室内循环的方法等。

此外，对独立式住宅，可以采取南面种植落叶树等相对简单的方法。夏天，枝繁叶茂的树木可以遮挡阳光日晒；冬天，树叶纷纷掉落可以引入阳光。如果是平屋顶，可以随意设置反射遮阳棚。在国外，有把房子建在地下住宅的案例。地下住

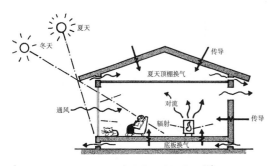

**图 4.27** 日本住宅设计概念图 [15]

**住宅节能方法[1]**　　　　　　　　　　　表 4.4

| 节能对象 | 节能方法 | |
|---|---|---|
| 采暖热能 | 建筑方法 | 建筑主体的隔热、气密化<br>开口部的隔热、气密化<br>适当的窗墙比<br>被动式利用太阳能（南面开启较大窗，设置蓄热体） |
| | 设备方法 | 利用太阳热（空气或水蓄热）<br>回收换气废热（热交换器）<br>适当的机械换气量<br>送热水废热回收 |
| 制冷 | 建筑方法 | 屋顶、顶棚隔热<br>窗户日照遮挡<br>利用通风（适当的通风路径）<br>建筑主体的隔热、气密化（降低较大制冷负荷）<br>采用适当的室内材料（调节电力峰值） |
| | 设备方法 | 回收换气废热（热交换器）<br>适当的机械换气量<br>利用地下冷热（制冷管等） |
| 送热水能 | 太阳能利用，回收制冷废热，管线隔热，缩短输送距离 | |
| 电能 | 光伏电池，家电自动关闭装置，待机能耗小的家电 | |

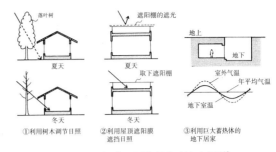

**图 4.30　调节日照的节能方法案例[14]**

①利用树木调节日照　②利用屋顶遮阳膜遮挡日照　③利用巨大蓄热体的地下居家

#### d. 节能改造

对新建房屋，一开始就可以考虑上述节能方法，对已建房屋的节能改造，可以选用表 4.5 所示的方法。不过话虽如此，仅仅是为了节能，对住宅进行大规模改造的方式并不可取，因为改造本身需要消费能源。所以实际进行的节能改造只针对高龄居住者的房子。

此外，有时小范围改造也能获得较高的节能效果，改造规划应当考虑其性价比。

#### e. 新建住宅的节能方法

上述节能方法是以往住宅设计中所采用的方法，最近相继开发出如下各种节能方法。

1）利用太阳能的 OM 太阳能：是指导入外空气式太阳能空气蓄热地采暖系统（简称 OM 太阳能）。它的工作原理是：在屋顶设置太阳能集热器，冬天利用该热量一方面加热室内空气作为白天供暖，另一方面加热地面混凝土蓄热层作为室内夜

宅的室内温度变化小，如同地下水的温度常年保持恒温一样。或许在干旱少雨的地方适合建造地下住宅（图 4.30）。

**已建房屋节能改造法[20]**　　　　　　　　　　　　　　　　　　　　　　　　　表 4.5

| 改造项目 | | 改造内容 | | 改造程度 | | | 改造效果 | | |
|---|---|---|---|---|---|---|---|---|---|
| | | 方法 | 内容 | 大 | 中 | 小 | 大 | 中 | 小 |
| 窗 | 玻璃 | 替换 | 反射、隔热 | ○ | | | ○ | | |
| | 遮帘、窗帘 | 设置遮帘、窗帘 | 调节日照 | | | ○ | | ○ | |
| | 反射屏 | 设置日照遮挡屏 | 阳光反射 | | | ○ | ○ | | |
| | 窗面积 | 降低窗墙比 | 降低贯流热 | ○ | | | ○ | | |
| 外墙、屋顶 | 墙体组成 | 粘贴隔热板、外保温 | 提高隔热性 | ○ | | | ○ | | |
| 开口部 | 窗框 | 采用高气密性窗框 | 防止缝隙漏风 | ○ | | | | ○ | |
| | 出入口 | 设置门斗、转门 | 利用通风装置防止空气进入 | ○ | | | ○ | | |
| 外围 | 非铺装部分 | 种植草坪、配置适当树木 | 防止反光，遮挡日照，通风，防风 | ○ | | | ○ | | |

间供暖。而夏天则利用该热量送热水。OM 太阳能系统是被动式太阳能房屋系统的一种。

2）光伏发电：是指在住宅屋顶设置太阳能光伏板，用来提供电能的装置。带女儿墙平屋顶上安装太阳能光伏板，由于女儿墙可以阻挡视线，建筑立面不需要特别的处理。如果是在坡屋顶上安装太阳能光伏板，由于肉眼看得见，设计要采取必要的措施（图 4.31）。有报告称，一旦安装太阳能光伏板并开始售电，用户在观察电表运转以后，都非常踊跃参与节能活动。非常期待用户节能意愿的高涨。不过，从投资成本上看，存在补助金额度的削减，售电价格较低，需要维护费用等问题，仅依靠光伏发电捞回成本，存在一定难度。

3）外保温：以往的日本住宅通常采取墙体内保温做法。最近以来，出现墙体外保温注4 更为有利的观点。从环境工程学角度看，墙体外保温有其适用范围，不能一概而论，选择之前需要充分研讨。例如：欧洲的集合式住宅大多没有阳台，墙体外保温施工比较简便。而日本大多设置向外凸起的阳台，墙体外保温施工比较麻烦。

4）高气密性、高保温住宅：高气密性加上高保温性，可以降低墙面的热损失（图 4.32）。1980年制定了"业主有关住宅合理化使用能源的判断标准（1999 年全面修改）"，这类住宅可以认为是，根据业主基于该标准所提出的隔热、气密要求而建造的住宅类型。它与前述日本以往居住方式、方法截然不同。

这种类型的住宅，节能的确优秀，但是必须注意以下问题。就是如果住宅的通风不顺畅，容易发生房屋装修综合症。对此，1999 年修改的"业主有关住宅合理化使用能源的判断标准"规定：所有住宅具有机械通风的义务。其实更为适当的规定应该是：该标准对自然通风和机械通风的选择应该留有余地。

住宅也是各种实验场所。德国等环境事业发达国家开发了很多生物发电住宅。在日本，除了木结构房屋以外，也开始出现铝合金、钢结构装配式住宅。希望这种形式的住宅能够展现它原本具有的节能特性。

**图 4.31** 太阳能发电屋顶（PanaHome）[26]

顶棚、外墙、地面采用高性能保温材料和高气密施工。

采用保温材料、铝合金、树脂复合窗框和洛依（Low-E）双层玻璃（高隔热型），抵御冬季严寒。玻璃上粘贴的特殊玻璃膜，可以反射室内热辐射，热损失保持 20% 以下。

铝合金、树脂复合窗框的气密性比一般铝合金窗框高 4 倍

**图 4.32** 高气密性、高隔热性住宅（PanaHome）[27]

## 4.6　重复利用材料和空间的节能设计

前面章节主要围绕建筑物使用期间能源的使用控制阐述节能的步骤、流程和方法。本节围绕建筑材料的重复利用阐述节约资源的问题，进一步说明有关节能的方法。

### a. 零废弃物技术开发计划

零废弃物技术开发计划是建设期间的废弃物降低计划（这是联合国大学于 1995 年提出的概念，旨在消灭废弃物），具体有以下三层含义：①尽量减少材料使用量；②杜绝加工中的瑕疵和浪费；③提倡材料的重复利用。

### b. 选择表面积小的建筑形状

采用较少的材料建造所需面积和容积的建筑物时，最适宜的建筑物形状是表面积较小的、近似于立方体的形状。图4.33所示的双塔大厦是选择建筑形状正好相反的案例。可以看出，该建筑物与合为一体时相比，其表面积大很多。表面积大，能源消费就多，解决日照所需能源对策也要慎重考虑。建筑设计不仅着眼于设计构思和意念，而且也要认真对待其节能形状。

### c. 材料在制造、运送期间的节能

选择混凝土结构还是钢结构，在纯粹意义上可以认为是结构规划范畴。即便如此，单单从制作构件的能耗上看，材料的优先选择顺序是木材，其次为混凝土，最后是钢材。

另外，材料在运输中的耗能也不能忽视。自古以来，都是以周边可选择的材料作为主材。如：可以开采石头时，就选择砌石结构；可以取用黏土时，就选择砖瓦结构等（图4.34）。在建筑物附近可以调配的材料，其节能效果明显，切记本地材料的节能重要性。

建筑物原本与所处地域环境关系密切。遗憾的是，随着时间的流逝，这种关系越来越淡薄乃至崩溃。材料的制作和运输所需的能源从节能角度看，绝对是重要的因素。

### d. 材料的重复利用

古老的砌石结构建筑，重复利用原来的材料比较容易。例如：古罗马竞技场（图4.34右）中使用过的石材，据说是被盗来用于盖居家住房。在日本也有把寺院建筑中使用过的大型木料重新使用在其他建筑物的案例。

另一方面，现代建筑材料的问题之一，就是大量使用各种复合材料。想分离复合材料重新利用是很困难的事情，乃至发生最坏的遗弃问题。相反，民居中使用的木料都是单一材料，转作他用相对容易。最近，重新复原古老民居的工程很常见（图4.35）。还有利用半旧的集装箱建造房屋的个别案例（图4.36）。

总之，建筑物可以分为博览会展览大厅等的较短时间使用的设施（临时建筑）和要求长时间使用的设施两种。我们已经进入时刻注意环境的时代，即使是临时建筑，也要细心考虑材料的再利用问题。

**图4.34** 古代建筑（左：金字塔形，右：古罗马竞技场）
金字塔型建筑是公元前4500年前后出现的砌石结构建筑物。由于是纯砌石结构，除了王室等个别房间以外，大部分内部空间都比较小。

**图4.33** 双塔大厦（梅田蓝天大厦）

**图4.35** 大杂院的转用案例（大阪市中央区）

图 4.36  利用旧集装箱建造的建筑物（摄影：阪田弘一）
全部使用集装箱建造的商业街入口。从大街上看，非常醒目。

### e. 空间的再利用

空间的再利用也即空间的改造，从减少废弃物的观点上看也是一种节能方式。在产业废弃物中，建筑废材占 15.2%（重量比，1997 年由原厚生省发表）。尤其是公共建筑的再利用，虽然存在地方政府的财政方面的困难，但是其公共性质要求不能轻易废弃。例如：图 4.37 是把完成使命的建筑物重新作为官府宿舍的案例。该建筑改造没有局限于简单的内部改造，大胆实施了墙体等改造。

以上，本章节对建筑节能问题做了一个流程概括。重视环境问题的人群不会太在意采取这些节能措施所造成的对生产活动和生活水准的若干降低和不便。不过大多数普通人群会有较大的不

图 4.37  公共建筑的重复使用案例（宇目町町公所宿舍，
设计：青木茂）[31]
原本是作为林业研修住宿设施的钢筋混凝土结构建筑。在此基础上，使用钢结构增设了大厅和大会议室。

满情绪。为什么完全有能力支付却要强调节能？持有这种意识也并不奇怪。所以，在第一阶段，先出台一些不降低消费量的能源转换、提高能源效率的方针政策。只要大家的环境意识不断得到提高，自然而然地会关心消费量的减少问题，从而大步推进节能事业。

### 参考文献

1）日本住宅・木材技術センター編：これからの木造住宅省エネルギー・熱環境計画，丸善，1998

2）キャサリン・スレッサー著，難波和彦訳：エコテック21世紀の建築，鹿島出版会，1999

3）特集：エコ・デザイン，日経アーキテクチュア，No.661, 2000

4）特集：環境―近未来に向けて今できること―，建築と社会，No.953, 2001

5）レイナー・バンハム著，堀江悟郎訳：環境としての建築―建築デザインと環境技術―，鹿島出版会，1981

6）特集新省エネルギー建築，建築雑誌，Vol.119, No.1517, 2004

7）日本建築学会編：ガラスの建築学，学芸出版社，2004

8）中嶋康孝，傘木和俊：環境建築のための太陽エネルギー利用，オーム社，1998

9）「建築の設備」入門編集委員会編：「建築の設備」入門，彰国社，2002

10）（財）日本建築設備・昇降機センター：建築設備検査資格者講習テキスト（下巻）平成14年度版，2002

11）久保田滋：空気調和・衛生工学会新書オフィスビルの省エネルギー，理工図書，1995

12）日本建築学会編：建築の省エネルギー，彰国社，1981

13）FAÇADE ENGINEERING：建築画報特別号，Vol.39, No.6, 2003

14）岡田光正ほか：建築計画1，鹿島出版会，1987

15）岡田光正ほか：新編住宅の計画学―すまいの設計を考える―，鹿島出版会，1993

16）建築雑誌，Vol.111, No.1393, 1996

17）葉山成三：エネルギー消費と暮らしの100年―環境適応技術としての住まい，建築雑誌，

Vol.114, No.1447, 1999

18） 真鍋恒博：省エネルギー住宅の考え方，相模書房，1979

19） 木村健一編：民家の自然エネルギー技術，彰国社，1999

20） 省エネルギーハンドブック編集委員会編：住宅・建築省エネルギーハンドブック 2002，（財）建築環境・省エネルギー機構，2001

21） 日経アーキテクチュア，No.699, 2001

22） 朝倉則行：仮設建築のデザイン，鹿島出版会，1993

23） 朝日新聞，2004 年 4 月 14 日

24） 小川巖：私の視点，朝日新聞，2004 年 2 月 20 日朝刊

25） 新建築，Vol.57, No.1, 1982

26） エコライフの達人たち（パンフレット）

27） パナホームテクニカルガイド（パンフレット）

28） 坂本守正ほか：環境工学（四訂版），朝倉書店，2002

29） 松浦邦男・高橋大弐：エース建築環境工学 I ―日照・光・音―，朝倉書店，2001

30） 関根雅文：オフィスの光環境（自然光との共存），Re, No.142, 2004

31） 青木茂：リファイン建築，建築資料研究社，2001

注 1 能源服务公司（ESCO）事业：是替业主实施原有建筑节能改造的事业总称，该事业由美国发起。这是业主不用支付节能改造费用的运营模式，运营公司从节约的能源费中提取佣金。日本是以 ESCO 推广协议会为中心，开展此业务。多以办公楼、政府宿舍等业务部门作为服务对象（例如：大阪府和泉市的府立母婴保健综合医疗中心，参照新建筑 2003 年 6 月号）。

注 2 房屋室内的外围区域：指与室外相近的室内区域。这个区域容易受到外部气温、日照等外部环境影响。相反，与室外相远的室内区域叫作室内内部区域。

注 3 夜间去除模式：利用夜间的外部低温对房屋结构体进行热交换蓄热，降低白天制冷负荷的方法

注 4 外保温：是指在房屋结构体的外侧设置保温层的隔热方法。在日本，一直以来都采用房屋结构体的内侧设置保温层的隔热方法。比起内保温，外保温可以连续没有断点，有利于内部环境的稳定。因此开始受到青睐。不过，阳台等突出物较多的建筑物施工复杂，容易出现瑕疵。因此，哪一种更好不能一概而论。

注 5 阶梯式串联利用：能源的阶梯式利用形式如下：燃烧石油、天然气等一次能源获得的热能，结合温度大小，由高到低依次用于发电（照明、动力）、蒸汽（冷暖房）、热水（洗澡水）等方面，达到有效利用能源的目的。

注 6 作业与环境照明：是办公照明方式的一种。办公照明可以划分为作业照明（如：桌面照明）和环境照明（如：顶棚上设置的统一照明），通常与隔断等配合使用。

注 7 太阳能系统：是利用太阳光和热的系统总称。

注 8 主动式太阳能系统：指使用太阳能集热器等机械设备来利用外部能源。这种系统可以调节太阳热的不均匀和不确定性。与之相反的叫作被动式太阳能系统。

注 9 新一代高技术：是指从天然气等单一燃料发电转变为发电加回收利用发电时产生的热量的复合系统。使用高品质高温热能发电的同时，把被冷却的低温热能作为温水、冷暖房的热能使用，热能使用效率达到 80% 以上。所需峰值时段不同的办公楼（峰值时段为正午）和住宅（峰值时段为早晨和夜间）组合利用时，其效果更佳。

注 10 热负荷：是指为了保持室内一定的温度和湿度，提供或者核减所需热量的热量单位。有时，提供热量称作采暖负荷，核减热量称作制冷负荷。

注 11 被动式设计：是指不使用机械设备，运用建筑本身的特性控制热量、空气、光线，维持舒适的室内环境的设计手法。属于 ISO 14001 环境管理系统。

注 12 PAL（年热负荷系数）：是评价建筑物外隔热性能的指标。该系数由开口部区域室内部分的年热负荷除以开口部区域室内面积而得。它是建筑规划中的节能指标之一。

注 13 CEC（设备系统耗能系数）：该系数可以作为空调等换气设备、照明器具、电梯等升降设备的节能评价指标。该系数是各种实际使用的设备年能源消耗量与法律规定的设备配置标准所消耗的年能源量的比值。它是建筑设备设计中的节能指标。

注 14 生物能源：多指生物资源。尤其是把不能成材的，或者木料加工中产生的废弃物作为燃料的木质生物能源开发，比较受重视。

# 5

# 与环境共存的建筑设计

建筑师迈克尔·雷诺兹设计的大地之舟，位于美国新墨西哥州。在设计中，采用废弃的铁罐和轮胎，是电气、燃气、上下水等完全自给自足的建筑物。之所以取名为大地之舟，意在强调全部靠自己维持生活。

建筑物设在半地下，用沙土和旧轮胎组成墙体，根据纬度计算确定南面窗户设置角度，以防止夏季高温的侵袭。该建筑物属于被动式太阳能系统的建筑物，类似的建筑物已在美国建造200户以上。

## 5.1 与环境共存的建筑设计

### 5.1.1 环境共存概念

#### a. 历史回顾

**图 5.1** 京都之町屋（左：秦家外观，右：庭院，摄影：高木恭子）

**图 5.2** 泰国（udayi·dani）水上住宅

"与环境共存"一词，受到大家的关注，始于环境破坏成为全球性问题以后。实际上，自然环境与人类的共存关系早在远古时期就已经确定。人类自诞生起，与其说与自然共存，不如说是自然的一部分。人类开始狩猎的移动生活之前更是如此。人类开始群居生活，消除迁移苦难，需要固定生活场所。从此，开始与自然相对分离，从"自然的一部分"时代走向"与自然共存"的时代。实现定居，就要求全年可舒适居住的环境。在炎热的地域为了防暑，在寒冷的地方为了耐寒，为了在残酷的自然环境中维系生命，需要可固定栖息的建筑物应运而生并以该地域特有的方式不断向前发展。这种建筑物与该地域的风土、气候、文化等非常协调，被称为风土性建筑。它是环境共存型建筑的雏形（图 5.1、图 5.2）。

二战结束后的日本经历了经济高速增长期。在很长一段时间，忽视自然环境的风气到处渗透，环境保护的意识比较淡薄。直到环境问题的严重性到了迫在眉睫的阶段，才开始恍然大悟。能源问题、地球变暖、森林破坏、臭氧层破坏、垃圾问题、水质问题等一大堆环境问题摆在面前，迫使我们重新审视过度的消费社会结构。表 5.1 具体列出日本应对环境问题的历史进展。把环境问题纳入建筑设计的前提条件，其重要性越发凸显（图 5.4）。

#### b. 环境共存建筑定义

"环境"是地球、城市、地域、周边、建筑的整体总称，是包括自然环境和社会环境的周边状态。"共存"是在同一个地方共同居住和生活之意，不是指生态学的"共同生长"。因此，"环境共存"是指，包括自然环境和社会环境在内，与地球、城市、地域、周边、建筑的整体共同居住和生活。"环境共存方法"是环境共存所需的具体方法，是根据环境共存的基本要求实施的具体方式和方法。

| 日本社会应对环境共存的历史回顾 | 表 5.1 |
| --- | --- |

1990 年：内阁会议采纳"防止地球变暖化行动规划"

1990 年 12 月：建设省住宅局成立"环境共存住宅研究会"

1992 年：全球首脑会议达成共识，强调地球变暖是对人类生活与未来产生直接影响的深刻问题，缔结"气候变化框架条约"

1993 年：创立环境共存住宅街区样板事业，适用地区相继被开发

1994 年：成立"环境共存住宅推进会议"民间组织

1997 年：在京都召开"气候变化缔约国第三次会议"，规定发达国家 2008 年至 2012 年的年平均温室气体排放量比 1990 年减少 5%，日本为 6%

1997 年 6 月：改组"环境共存住宅推进会议"，并改名为"环境共存住宅推进协议会"

1997 年 11 月："环境共存住宅推进协议会"发表"环境共存住宅"宣言

1997 年 12 月：设立"应对地球变暖化推进总部"

1998 年 6 月：汇总"地球变暖化应对措施推进大纲"

1999 年：开始实施由（财）建筑环境与节能机构制定的"环境共存住宅认证制度"

2000 年 6 月：建筑关联五个团体发表"地球环境与建筑宪章"宣言（图 5.4）

"环境共存建筑"是指采用环境共存方法建造的建筑物。不同用途的建筑都可以采用环境共存方法建造，目前以独立式住宅、集合式住宅采用环境共存方法居多。

图 5.3 表示环境共存基本要求，大致上分为三大块，实际操作中三大块重叠的区域也较多。"保护地球环境"、"保持与周边环境的亲和性"、"居住环境的健康、舒适性"是建设环境共存住宅的目标，不过到目前为止还没有具体的方法可以依循。而且做到何种程度才算是环境共存，也没有具体定义。

表 5.2 是经过整理的环境共存具体方法。各种方法与图 5.3 的环境共存基本要求大体吻合，

对重叠区域存在欠吻合或不吻合。方法的称呼也各式各样，目前无法继续细分其种类。

以下按照表 5.2 的分类说明"保护地球环境"、"保持与周边环境的亲和性"、"居住环境的健康、舒适性"、"援助系统"等方法进行阐述。在实际工程中，采用其中一个方法的案例很少，都是组合采用这些方法。因此，实际上组合方法之间也存在相互影响的关系。

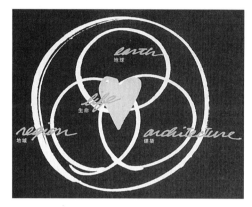

**图 5.4** 地球环境与建筑宪章[1]
由日本建筑学会、日本建筑师联合会、日本建筑师事务所协会联合会、日本建筑家协会、建筑业协会等五家社团法人联合起草。根据地球环境问题与建筑相关问题共识，宣布以下五项内容纳入建筑事业：
①长寿命；②自然共存；③节能；④节约资源与可循环；
⑤继承

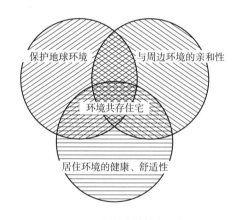

**图 5.3** 环境共存的基本要求

环境共存方法分类　　　　　　　　　　　　　　　　　　　表 5.2

| | | |
|---|---|---|
| 环境共存方法 | 保护地球环境 | 关心地域生态系：关心生态系，关心地域水循环，防止变暖化 |
| | | 高效利用资源：节约资源与重复利用，垃圾处理，提高耐久性与寿命，节水 |
| | | 利用自然能源，节能对策，提高热效率 |
| | 周边环境亲和性 | 保护地域景观：地域景观保护，街区道路规划 |
| | | 形成地域社区：形成附近社区圈 |
| | | 关心地域风土、文化、产业：关心风土，关心文化，关心产业 |
| | 居住环境的健康、舒适性 | 建筑物内外设计方法：建筑物设计方法，通用设计，提高建筑物舒适性（日照调节、通风与换气、高气密性与高保温性） |
| | | 关心健康规划：积极应对房屋装修综合症 |
| | | 绿化：绿色的保护与再生，绿色的健康 |
| | 援助系统 | |
| | 其他 | |

### 5.1.2 保护地球环境
#### a. 关心地域生态系统

在城市区域，由于开发建设导致绿地、土、水边的流失与不足，原生态系统发生了很大变化。要尽量减少这种变化，关怀和保护地域动植物与昆虫、水环境，关心地域的生态系统。

1）关心生态系统：在城市区域，保护地域动植物与昆虫的生存环境就是生态系统的保护，通常采取建设野生动植物小型生活圈的方法。小型野生动植物栖息地的生存空间比较稳定，多种生物在此栖息。它作为环境共存的方法，也可以认为是比较直接的方法（图5.5）。此外，在人类居住区域采取建造野生鸟类栖息空间、营造完整的水循环系统、整理并保护多种生物的培育环境、提高水质和景观质量等方法（图5.6）。除了建筑单体外，地域公共区域和小学校等处，也可以营造和管理野生动植物小型生活圈，发挥其环境教育场所之功能。

2）关心地域的水循环：采取把雨水渗进地下、净化生活污水等方法，极力维护地域水循环平衡。

①采用透水性铺装：与排水性铺装不同，透水性铺装可以把雨水渗进地下，极力维护铺装前后的区域水循环平衡。选择透水性好的材料和施

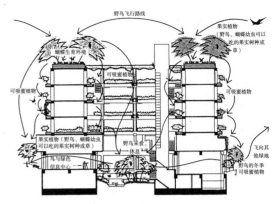

**图5.6** 野生鸟类与绿色环境结构概念（NEXT21）[2]

工方法进行铺装。除提高透水性以外，在塑料块体之间的缝隙铺设草坪，提高保水性，有利于缓解城市热岛效应现象（图5.7）。

②污水处理：从厨房、浴室、厕所的污水处理系统、高性能混合净化槽等污水处理机械设备，到使用无磷洗涤剂、排水的重复使用等降低污水量的方法，可选择的方法很多。除了依靠设备以外，还可以采取改变生活方式的方法。

3）变暖化防止：变暖化已成为世界性问题，是发生异常气候的原因。尤其是在城市，造成热岛效应现象。如何防止变暖化，是建筑领域最为重要的课题。

①建筑物绿化：是指针对建筑物本身的各种绿化。墙面绿化（图5.8）和屋顶绿化（图5.9）是典型的建筑物绿化。这些绿化，在夏季枝繁叶茂，遮挡日照，降低建筑物的热负荷；在冬季叶落干枯，使建筑物吸收阳光。这种方法多使用在不用依靠设备进行自然循环，以达到较好的节能效果的场合（图5.10）。

②降低制冷负荷：控制夏季冷气使用量，是

**图5.5** 野生动植物小生活圈（深泽环境共存住宅，摄影：鹭尾真弓）

**图5.7** 透水性铺装（摄影：鹭尾真弓）

**图 5.8** 墙面绿化（仓敷方形常春藤）[3]

**图 5.9** 屋顶绿化（田园福冈，左：全景，右：近景）

**图 5.10** 网状绿化（河内长野环境共存住宅，左：阳台，右：廊下，摄影：鹫尾真弓）

防止城市热岛效应现象的有效手段之一。采取储藏冬季积雪、利用地上与地下温差、保持良好通风等方法，获得清爽凉风，控制夏季的制冷负荷。

#### b. 资源的高效利用

使用后便丢弃的时代早已过去，全球范围再利用的时代已经来临。有关重复利用的话题很广，在这里就建筑材料、垃圾、水的利用加以阐述。

1）节能与再利用：再利用建筑材料是指把建设期间废弃的材料用于其他地方的方法。建筑材料的舍弃会造成资源的无端浪费，作为前车之鉴，可以将已建建筑物的分析结果运用到新建建筑物设计中。这种方法对临时建筑物的建造尤其有效（图 5.11）。

2）垃圾处理：如何处理生活垃圾，与环境共存密切相关。从建设期间到日常生活，同样都面临垃圾处理问题，但是其处理方式和方法是不同的，而且处理方法的种类也很多。

首先对建设期间的废弃物问题进行施工方法和细部做法的合理化，根据"建设残土降低法"，降低建设残土和废弃物数量，对废弃物进行环境污染评估，确保废弃物不发生二次污染。

其次对日常生活中的垃圾处理问题，大力推广垃圾分类，便于重复利用。对不能重复利用的垃圾进行混合堆肥处理，既降低数量，也为绿化提供肥料（图 5.12）。

3）提高耐久性和寿命：延长建筑物的寿命可以减少废弃物的数量。在硬件方面，可以采取提高材料和主体结构的强度的方法；在软件方面，可以采取改变使用用途的规划或者维护管理的便利化等方法。主体结构加固、敞开式大厦、改造、转换等都是较好的解决方法。

4）节水：在用地内储存雨水，用作喷水和景观用水；把使用过的水重新净化以后再利用等，都是环境共存的具体方法。排水的再利用和利用原有渗井洒水、浇花草等，都是保护水资源的有效手段（图 5.13）。

**图 5.11** 可重复使用的建筑材料（纸张）利用（汉诺威国际博览会日本馆，左：内景，右：外景，摄影：林志穗）

**图 5.12** 混合机（左：家庭用，右：公用，摄影：鹫尾真弓）

**图 5.13** 水重复利用（左：雨水储存泵，右：水井，摄影：鹫尾真弓）

**图 5.14** 风力发电与太阳能发电（左：河内长野环境共存住宅，右：深泽环境共存住宅，摄影：鹫尾真弓）

### c. 节能

面对石油系列能源的枯竭和废弃物、臭氧层、二氧化氮等问题，开发新能源、使用未利用能源、循环利用能源、节能等方法相继出现。

自然能源是指太阳光与热、河水、海水、风等尚未利用的自然能源。具体有：设在屋顶的光伏电池、直接把太阳能转化为电能的太阳能利用系统、太阳能热水器系统、利用风车动力循环水池和小溪流水或作为机械动力或用于发电等方法（图 5.14）。此外，还有利用自然采光和自然通风替代设备机器的规划设计手法（图 5.15）。

**图 5.15** 框架建筑（河内长野环境共存住宅，摄影：鹫尾真弓）

**图 5.16** 欧洲的并行街区（左：Axiji 广场，右：锡耶纳坎波广场鸟瞰）

### 5.1.3 与周边环境的亲和性
### a. 保护地域景观

目前大多采取不同的立场和观点讨论地域景观保护和并行街区保护建设与环境共存之间的关系。不过，街区景观、与周边环境协调等不单是针对建筑物单体的微观环境共存，而是针对整个地域的宏观环境共存。保护地域景观的具体方法有，地域景观不随建筑发生变化或者较小变化、周边环境比建设前更出色等。

**图 5.17** 日本的并行街区（妻笼）[4]

1）保护景观：在日本，保护景观的方法可以划分为：城下町、宿场町、门前町等江户时代以前形成的景观保护，明治、大正、昭和初期的港町、西洋馆等具有历史价值的并行街区保护，除了新城等按照统一规定建设的并行街区建筑以外，限制其他建设的保护方法等（图 5.17）。

在欧洲等海外国家，以町或村为单位，统一形成并行街区的案例也很多（图 5.16）。

2）街道规划：可以采取实施人车分离的交通规划，保护行人安全，连接和引导临近公园、山林等绿地的交通规划，把周边绿色网络化等方法（图 5.18）。

图 5.18 街道规划（左：人车分离交通规划，右：与山林的绿地连接通道）

### b. 地域社区的形成

公共空间既是居住者之间的社交场所，也是与周边居民相互交流的空间（图 5.19）。

在集合式住宅建造空中走廊、凉亭等甬道式空间，丰富居民之间的交流。把公共空间用作菜园，让居民种植自己喜爱的植物，在用地内形成各种自然型亲水空间，充实公共空地、儿童公园、菜园等公共设施。这些都是非常有效的手段和方法。开放性公共空间为居民和地域社会居民创造相互交流的机会和氛围。设立面向地域的多功能大厅或者地域生活服务中心等地域支援系统，对地域社区的形成起了很重要的作用（图 5.20）。

### c. 关心地域的风土、文化、产业

与城市区域的统一规划不同，地域中的建筑规划要扎根于该土地上，要激活当地风土、文化和产业，要关怀建筑周边地域的风土、文化和产业。为了传承卡纳克（Kanak）民族的传统文化，在新喀里多尼亚岛努美阿，于 1998 年建造了吉恩·玛丽·吉巴澳文化中心。该文化中心由 10 个象征土族棚屋（cases：卡纳克土族人的传统民居）的建筑屋组成，每个棚屋的外曲面有利于自然通风，外装除了使用高大热带松树以外，还积极采用其他木材和树皮（参照卷头插图）。

1）关心风土：地球上的各个地域的气候、风土是各式各样的。起初的建筑与当地气候、风土紧密结合，都适合人类居住和生活。随着技术的进步，出现了空调等设备，建筑不管建在哪里，都可以保证建筑物的舒适的温度和湿度。如今，认识到符合地域环境的建筑节能效果更好，更能降低环境负荷，符合气候、风土的规划日渐受到重视。除了采纳太阳能、自然通风等方法以外，考虑多雪、台风等风土的规划方法也相继出现（图 5.21）。

2）关心文化：是指在建筑规划中积极引入地域历史和文化的方法。在具体方法上，多与地域景观保护一并考虑。采用与周边景观协调的建筑形态、统一的并行街区、传统住宅设计法等。能够做到与周边绿地相协调，就是关心文化的具体体现。

3）关心产业：为了振兴地域产业，应当积极采用当地材料。由于是本地产品，必然量多、经济、符合地域气候与风土。使用地域材料，比较容易融进地域景观与色彩，更好地保护地域景观。

图 5.19 交流场所（左：菜园空间，右：聚集在菜园的老年人，摄影：鹭尾真弓）

图 5.20 社区的形成（左：居民在清洁绿地，右：在小型生物栖息地中游玩的孩子们，摄影：鹭尾真弓）

图 5.21 关怀风土（名护市政府办公楼，左：外观，右：遮阳走廊的日阴效果）

### 5.1.4　居住环境的健康、舒适性

在这里主要阐述住宅的居住环境的健康、舒适性，其中的一些方法也适用于其他建筑类型的室内环境规划。

#### a. 建筑物的内外设计

针对不同的生活类型有很多设计方法。在这里着重阐述必不可少的方法。

1）通用设计：随着人口老龄化的加速，老年人生活的住宅也在增加。必须采取关怀老年人和残疾人的无障碍设计，必须采取不分年龄、性别、能力、缺陷，为每一个人提供公平、自由、安全的生活环境的通用设计等设计方法。进行建筑设计时，想方设法满足不同年龄、不同身体状况的居住者需求，站在防患于未然的设计观点选择材料，做到随居住者生活形态的变化，可以改变内部结构以满足生活需求。

2）建筑物的舒适性：居住时间较长的住宅，与其他建筑物相比，对提高和改善其舒适性的要求或许最为迫切。

舒适的室内环境要求采光、通风好，保证夏季的良好通风和冬季的较长时间日照。环境共存的具体方法有设置吸入外气空间、斜向布置等方法。这些方法可以提高室内通风功能，有助于室内的采光、通风和换气。

#### b. 关心健康的规划

使用有害建筑材料是产生不健康大楼、房屋装修综合症的原因。相应地，规划思路也开始从保证最低限度居住空间，向最低限度保证安全方向转变。具体的对策有，使用环境与健康保护型（去除有害成分的）建筑材料，入住前采取烘烤等强制性挥发手段，选择不含有害成分的天然材料等。

保证居住安全的同时，最低限度的卫生健康也应该得到保障。这个问题不仅关系到单体建筑，而且要从生活习惯入手，对实际使用者的环境影响加以思考。缩小室内外温度差，提高房屋的保温、气密性，控制湿气的产生源头，进行充分的通风换气防止结露。不使用有害物质和有计划的换气可以防止室内空气污染。此外，使用无氟、较低

影响臭氧层的环境、健康保护型设备等。做到这些可以认为是向卫生健康型生活迈出的第一步。

#### c. 绿化

绿化的定义有很多种，从城市规划层面上讲的绿化到个人的盆栽层面的绿化，形式多样。可以说没有人的劳动就没有绿化。

在这里，撇开关心地域生态系、防止温室气体、节能等观点，仅从居住环境角度，以绿化为对象，重点阐述个人或周边居民的提高居住环境所做的努力和从中获得的乐趣。

1）绿色的保护与重生：绿色的保护与重生方法不是指按照新的种植规划创造绿色的方法，而是指保存和移植建设、改造之前的原有树木和花草，留下对过去的记忆、纪念以及营造防风、防沙林等保障美好居住性的绿色空间的方法。尤其在实施房屋改造时，由于居住者多有留下对过去的记忆、纪念的愿望，很多场合绿色都可以得到保留。有些建筑设计也是从这种精神层面的环境共存中得到启发。绿色的保护和重生不仅可以带来良好的居住环境，而且还提高了人们对该土地、该地域的热爱，对人的精神作用也很大。

2）治疗：进行绿化和欣赏绿化有治疗疾病的效果，对眼睛也很好。观光地设置很多欣赏绿色和花草的庭院场所，在城市和建筑的休息场所也都参照公园形式布置各种绿色。绿色的表现方式分为内部欣赏（室内欣赏）和外部欣赏（室外欣赏）两部分。

另外，据媒体报道，园艺疗法可以治疗心病，社区交流对老年人的生活非常有益处。以后的居住环境规划应该把随手绿化列入规划内容。

### 5.1.5　援助系统

援助系统分为国家、地方自治体等政府，提供主体，市民团体，个人等不同规模体系。种类也很多，有来自辅助制度的援助、宣传环境共存知识的学习援助等。在这里重点阐述基本辅助制度、认定、评定、表彰制度和学习系统。

#### a. 辅助制度

为了促进环境共存住宅建设，国土交通省颁

布"城市街区环境共存住宅示范事业"条例，旨在支持独立住宅采用环境共存技术，鼓励住宅金融基金提供融资优惠，各种公共援助制度应运而生。

1）城市街区环境共存住宅示范事业：由国土交通省住宅局住宅生产科负责制定，于1994年度开始实施。颁布实施该制度旨在防止地球变暖、有效利用资源、保护自然环境，促进设施的升级改造。该制度规定：对示范作用高的城市街区住宅进行改造的地方公共团体、城市基础设施改造公团、地域振兴改造公团，对地方住宅供应公社和民间事业者提供辅助的地方公共团体，国家实行必要的补助。

该制度所要求的能够纳入事业规划的条件是：住宅总户数50户以上，环境共存示范性高，整体实施城市街区住宅地改造或者综合实施一整块土地区域改造。资金补助项目为：调查设计规划费用（事业对象地域气温分布、风向、地下水情况、动植物栖息状况等的调查，城市街区环境共存住宅设计），环境共存设施设备费用（透水性铺装、雨水渗透设施，屋顶绿化设施，公共空地绿化、人工绿地，堆肥等垃圾处理系统，雨水、中水的高效利用系统等的改造）。

2）住宅金融基金的融资：住宅金融基金规定：建筑面积175m$^2$以下，具有一定耐久性的节能住宅建设，申请贷款可享受基准利率。此外，对为实现环境共存住宅需要提高住宅功能的特殊工程，在基本贷款基础上还可以追加比例贷款。根据工程种类，其贷款额度有区别。

### b. 认定、评定、表彰制度

（财）建筑环境与节能机构汇总已有的研究成果，制定并发表环境共存住宅标准，使环境共存住宅的描述有章可循。同时通过认定推动环境共存住宅的普及。该机构自1999年起实施环境共存住宅的认定、评定、表彰制度。

1）认定制度：认定制度由必要条件和提交类型两个阶段组成。必要条件要求提出符合环境共存住宅最低层次的具体做法，提交类型要求提供不限于标准规定的、任意环境共存技术和设计方

法。而且对有可能产生相应效果的方法，均给予积极的评价。

**图5.22** 在小型动植物栖息地上学习（尼崎市立七松小学校，上左：岸边与河底的垒石作业，上右：水池边的田地，下：在小型动植物栖息地游玩的孩子们）

**图5.23** 培育鲜花和绿色的学习系统居民自愿在用地内设置养花地、温室，由地方自治体提供苗木和种子（利用鲜花与绿色协定支付制度），把培育出来的花草种植在路边、小区内的花坛、住家阳台等处的事业。以居民参加型组织为主体，通过居民和孩子们自主的共同耕耘和植被管理，形成地域社区。也举办咨询顾问的讲座和活动。

（文雅的志贺公园，上图：有专业咨询顾问的俱乐部会所，

中图左：温室和花地；中图右：花地；下图左：沿街花坛；下

图右：位于用地南侧一层住户的花草培育）

环境共存住宅认定分为系统供给型、个别供给型、小区供给型三个类型。到 2004 年 12 月为止，总共认定系统供给型住宅 49 处，个别供给型住宅 15 处，小区供给型住宅 11 处。

2）评定：评定内容有：住宅的保温性、气密性、与下一代节能标准的符合性的评定（对新开发的材料和工艺，评定其性能是否与节能标准规定的性能相同）；热负荷计算方法的开发软件评定（住宅热负荷计算的模拟演算开发软件和普通计算软件的评定）；节能计算程序评定（用于建筑物设计规划和节能计算的各种节能计算程序评定）；环境能源 - 优良建筑物评定（确保室内环境水准，评定是否具有一定水准以上的节能性能，对具有一定水准以上的建筑物授予商标）四种。

3）表彰：把减少环境负荷、节能效果显著的办公楼，商业、服务楼以及其他建筑物共分成三个类型并加上住宅，分别授予国土交通大臣奖、本财团理事长奖等奖项，促进技术等的推广和普及。三个类型建筑物按奇数年份，住宅按偶数年份分别举行表彰活动。

**c. 学习系统**

保护地球环境、与周边环境的亲和性、居住环境的健康舒适性，这三者之间要有很好的平衡性。这对环境共存很有必要。所以要对居住者的环境共存活动进行有力支援，使居住者亲身学习、思考和体会环境共存。

建立小型野生动物栖息地等环境共存学习场、居民参与型管理系统，是居民不断学习和参与环境共存事业，推动环保生活的有效方法。在小学校，建造小型野生动物栖息地，使学生从小学习和观察动植物的生活环境。在集合式住宅，充分利用"鲜花与绿色协定"的支付制度，共同培育种子和树苗，学习和掌握绿色的经营管理。

# 参 考 文 献

1） 地球環境・建築憲章パンフレット
2） 建築と社会，No.905，1997
3） （財）都市緑化技術開発機構：特殊空間緑化シリーズ 2 新・緑空間デザイン技術マニュアル，誠文堂新光社，1996
4） みわ明：日本の町並み探険，昭文社，1995

## 5.2 建筑非表面化设计方法

### a. 生物的非表面化

有些生物为了躲避天敌，将自己的体型和颜色与周边环境协调一致。我们把生物的这种举动叫作拟态。拟态进一步可以划分为隐蔽性拟态和标识性拟态（图 5.24）。

隐蔽性拟态是以生物的主动伪装来躲避天敌，以便不引起天敌注意的情形。而标识性拟态则类似于蜜蜂携带武器，装扮成天敌不喜欢的其他生物姿势，以蒙蔽天敌视线等。虽然被看见，但通过装扮等行为不引起天敌注意是标识性拟态与隐蔽性拟态的主要区别。

### b. 非表面化拟态在设计中的应用

生物的拟态方法完全可以应用到建筑和城市设计。也有实际应用案例。建筑的立面、形状、屋顶、材料、色彩等的处理与周边自然景观、并行街区景观相一致，强调不突出建筑的手法其实就是隐蔽性拟态（图 5.25）。还有防火门、室内消火栓箱、设备检修口等开口部表面的处理方式，在材料、色彩的选择上采取与周边一致的设计方法。这也是典型的隐蔽性拟态案例（图 5.26）。利用镜面或者不锈钢饰面反射周围景观，不突出饰面本身的处理方法。当然，生物是不具备这种隐蔽性拟态处理方法的。

在垃圾处理场、火葬场、游戏店等处，都要有意识地掩盖让人为难的设施，以缓解邻居的反对声音。这些都是标识性拟态应用案例。东京都

临海副都心垃圾场（图 5.27）是标识性拟态应用典型案例。其外观处理如同文化大厅，把烟囱装扮成时钟台，看不出此地是垃圾处理场。

**图 5.25** 模仿历史性并行街区的建筑
右侧为五十铃川邮局（伊势御払町，三重县伊势市）

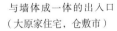

与墙体成一体的出入口 　与地面成一体的地下检修口
（大原家住宅，仓敷市）　　（大视野，大阪府堺市）

**图 5.26** 不显眼的开口部

**图 5.27** 东京都临海副都心垃圾场（基本设计：长仓康彦、小林克弘 + 设计工作室，1994 年）

隐蔽性拟态（装扮成兰花的螳螂）　标识性拟态（左：瓢虫，右：蟑螂）

**图 5.24** 生物常见的拟态[1]

#### c. 去除存在体

1）埋入地下：把构筑体埋入地下是最为有效的非表面化方法（图5.28）。尽管建设费用较高，但是在诸如国立公园、风景名胜地、神社佛堂等周边环境要求非常苛刻地方，已经不能仅仅考虑建筑成本，只能采取埋入地下的方法。不过，设计得当，采暖、维护成本可大幅下降。从生活周期成本上看，也未必不利。

2）透明化：玻璃具有耐候性和转移视线的功能，尽管有易碎的缺陷，经常用在外墙、内墙、门窗、屋顶、顶棚等处，至今还没有出现可替代玻璃的材料。最近常出现隐匿支撑玻璃的金属框或者金属构件，最大限度地放大玻璃的透明性，实现高透明空间的设计手法（图5.29）。使用钢化玻璃时，可以取消支撑金属，全部由玻璃组成。制作透明度更高的门、玻璃栏杆等成为现实（图5.30）。

**图5.28** 埋入地下的建筑（真宗大谷派【东本愿寺】参谒接待所，京都市，设计：鹿岛设计）

**图5.29** 利用玻璃提高空间的透明度（21世纪绿洲，名古屋市，设计：大林组）

**图5.30** 采用钢化玻璃的楼梯栏杆（丰田市美术馆，丰田市，设计：谷口吉生）

正因为玻璃具有透明性，其美观性才得以表现。由于直接面对风吹雨淋的玻璃面，容易受到密封材料、落叶、灰尘等的污染，在设计阶段必须考虑好玻璃的清扫方法和日后的维护费用。

#### d. 可消除与不可消除

1）被同化所带来的危险性：在必须告知其存在的地方，采取同化设计时，有时会带来安全方面的问题。例如：门的设计与周围墙体完全同化时，误以为是墙体而在门前放置物品或者被突然开启的门碰伤等问题。曾经发生由于在停车场、停车处的圆形柱子上粘贴不锈钢饰面造成驾驶员无意间撞车的案例。此外，消火箱、残疾人专用道、指路文字或标记等本应醒目的内容进行同化处理时，有可能丧失其原有的功能（图5.31）。

2）被透明化所带来的碰撞危险性：随着透明建筑的流行，玻璃的使用范围很早就扩大。对玻璃建筑的空调负荷较大、白天亮度过大等问题，采取调整玻璃方位角度、设置移动式遮帘、双层贴膜、采用高隔热性玻璃等环境控制技术，大体上可以克服。

下面说说透明玻璃造成的碰撞事故（图5.32）。在依山树林边建造的建筑物采用明光反射玻璃时，有可能诱发在周边栖息的稀有鸟类误撞而死亡。

3）丧失个性化所带来的混乱：某市政府宿舍搬到新建郊区之初，由于其外观设计酷似宾馆，时常发生被人们误会的情况。如果建筑外观设计过于雷同，有可能使利用者不能根据其外观推断建筑物的功能和用途，造成混乱。结果是，不得已在外墙上大字书写、绘画或者竖起大展板表明建筑物的用途，原来的设计意念被大打折扣（图5.33）的案例并不少。

与墙体没有区别的防火门　　白墙上粘贴的白色文字

白色地面上的看不见的残疾人专用道

**图5.31**　消除存在

**图5.32**　与透明玻璃的碰撞防止
在玻璃的碰撞面粘贴有色封条

竣工以后，在外墙上书写有大型"119火灾·急救"字样的消防署分署

为了表明清楚此处是动物医院，在正面墙上画有大型动物画

**图5.33**　这些是什么用途的建筑物？

### 参考文献

1）　W．ヴィックラー著，羽田節子訳：擬態自然も嘘をつく，平凡社，1993

# 6

# 环境管理与建筑设计

建筑师马库斯·冯·福特和顿·艾伯茨是荷兰有机建筑物的代表性人物。他们设计的阿姆斯特丹 ING 银行总部大楼（1987年）以突出鲁道夫·斯坦纳的人智学为设计特征。

外墙朝着太阳倾斜，以最大限度地利用太阳能，窗墙比限制在20%，以控制传热，没有采用空调。

他们设计的 ING 银行总部大楼自始至终贯彻环保思想，被认为是世界上节能效率最高的建筑之一。

# 6.1 防灾与防范

## 6.1.1 环境的安全性

建筑空间和城市空间等所有构筑环境（built-environment）所要求的基本性能之一就是安全性。世界卫生组织（WHO）要求把安全性、卫生性、方便性、舒适性作为建筑的基本性能。提高建筑的安全性是全世界的共同目标。但是，建筑所要求的安全性是多方面的，要求具有丰富的知识和经验。

①结构安全性：要求能够承受地震、强风、雪灾等外力作用。根据不同建筑设施，还要求能够抵抗爆炸、冲击等外力作用。

②火灾安全性：要求使用不燃内装材料；要求做好防火、防排烟分区以控制火势蔓延；要求使用喷淋、消火栓等消防设备将火灾消灭在初期阶段。此外，要求结构具有耐火，防止火灾引起结构体的损伤或倒塌。

③水灾安全性：要求建筑物不发生洪水、潮水、波浪等引起的水害。此外，即便被水侵蚀，也不能发生功能停止运转等重大灾害。

④避难安全性：要求保证火灾发生时的紧急避难通道的畅通，保证人能够安全撤离到避难场所（通常是室外屋顶）。要求保证发生地震时的结构体破损、设施变形、跌落物和跌倒物等引起的紧急通道的畅通，不发生避难楼梯的破坏和移位。无论是什么样的场合，包括自助避难有困难的残疾人和老年人在内，必须做好适当的避难引导和便于施救。

⑤日常安全性：要求预防坠落、跌落、跌倒、碰撞、被夹住等日常伤害的发生。对没有限制的、多数人使用的公共空间，尤其要注意防止日常灾害的发生。

⑥防范安全性：要求有效控制可疑人的进入、盗窃、纵火、破坏行为的发生。防止方法分物理性防止方法和心理性防止方法。心理性防止方法是指营造不易接近的空间或者利用众多耳目等的

自然监视功能的防御方法。也可以安装防范设备等辅助设施。还有，对小学校等地域性开放设施，一定要处理好防范安全性和开放性的关系。

## 6.1.2 火灾安全规划
### a. 火灾发生时的避难行动

进行防火避难规划首先要掌握平常的建筑物使用情况和火灾发生时人的行动规律。当避难路径与日常通道不一致时，在紧急情况发生时的较短时间内很难想起疏散楼梯的位置和存在。这种疏散楼梯只能作为防范措施或者当作库房使用。还有在人频繁通过的位置设置（平时关闭型）防火门，为了使用上的便利，通常用楔子固定防火门使其处于常开启状态，起不到防火门的作用。

有关火灾发生时如何避难的问题，根据白木屋百货店火灾（东京，1932 年，死亡 14 人）、千日百货火灾（大阪，1972 年，死亡 100 人以上）、大洋百货火灾（熊本，1973 年）等事故中被营救出来的人的采访调查和各种避难实验结果，明确了以下人的若干行为倾向：

①选择经常使用的出入口和楼梯：动物具有遇到危险时径直选择来时的通道返回到来时出入口（野猪出入口）的习性。人类在不熟悉的场所逃难时，同样也有选择已知通道的倾向；

②选择有光线的方向（光指引本能）：烟火逼近时，人类本能的选择明亮的方向移动；

③选择开放的空间（面向开放性）：来到通道交叉口时，会选择更加开阔的通道；

④选择追随他人（追逐本能）：混乱程度高，感觉无法判断行动方向时，往往选择领头的人去的方向或者选择多数人逃难的方向等；

⑤对烟火抱有恐惧心理：人与动物相同，都对烟火本能地回避；

⑥产生意想不到的力量：高温或烟火逼近时，人居然可以做到：搬开平常一个人搬不动的东西，迅速爬上电线杆子，从高处跳下等举动。

### b. 避难行动与避难规划

发生火灾时，人们不会想起平常没有使用过的疏散楼梯和避难通道。明知道发生火灾不能使

用电梯，还是有不少人试图选择电梯避难。这是由于发生紧急情况时，人的理性判断能力下降，本能的举动占据优势所致。所以，在避难规划中极为重要的一点，就是如何应对火灾发生时人的行动。1982年，新日本酒店发生了死亡32人的火灾。事后的调查分析结果表明：该酒店平面的三条走廊呈120°交叉，通道形状复杂，并且走廊设计完全相同，是非常容易迷失方向的空间。中间回廊式走廊形成多处死胡同，被认为是死亡人数增加的原因之一（参照图2.57）。

以下是介绍考虑火灾发生时人的行动的避难规划方法（图6.1）：

①设置彻底的双向避难通道：较大的居室应设置相互分离的两个出入口。走廊不应出现死胡同，在走廊端部设置疏散楼梯或者避难阳台；

②日常通道与避难通道采取一致：把平常使用的通道兼作避难通道。规划时，可以采取将疏散楼梯和电梯、疏散楼梯和卫生间挨在一起布置等方法；

③设置简单明快的避难通道：若干次拐弯和相互交叉的疏散通道，容易发生通道不畅，容易使人迷失方向。相反，通道越是通畅，越容易把握周围情况，单靠自己也能容易判断避难方向。

④充分利用人的面向光线和开阔性的本能：在明亮、开阔的尽头设置疏散楼梯或者临时避难场所。如果在昏暗、狭窄的楼道尽头设置疏散楼梯，发生紧急事态时起不到作用的可能性很高。

不特定多数人或者老年人、残疾人使用的设施，进行避难规划时，尤其要考虑上述这些方法。

**c. 建筑物防火措施**

可燃物着火时，在最初的几分钟燃烧非常缓慢，不会冒出火焰，持续冒烟状态，燃烧限定在一定范围内（火灾初期）。但是，一旦室内充满烟气，空气中的可燃气体开始爆发式燃烧（火势瞬间蔓延），室内进入全面火灾状态（火势旺盛期），火焰和烟气迅速向外扩散。人能够避难，必须在这之前完成逃难。所以，如何延长火势瞬间蔓延时间，是防火措施的重点。为此，设置消火栓、喷淋等设施作为火灾初期阶段的灭火（初期灭火）工具。采用不燃性内装材料也是较好的措施。

为了防止火灾蔓延和最低限度降低财物损失和人的伤害，防火分区之间的地面、墙壁、开口部等处必须采用防火材料，把火灾控制在防火分区以内。防火分区包括面积划分、层间划分、竖井划分、不同用途划分（用途和使用性质差别很大部分的划分）等内容（图6.2）。

面积划分，旨在阻止同一层内的火势蔓延，用防火墙、防火百叶、防火门等圈定一定的面积

设置双层防火卷帘，提高安全性

组织火焰向上蔓延的帽檐

火灾发生时，使用防火卷帘封闭自动扶梯，并且使用玻璃屏提高防烟效果（竖井划分）

**图6.2　防火分区案例**

**图6.1　大爱避难通道**
两方向避难、认光本能、简单明快、日常通道兼作避难通道的避难通道。尽头连接避难坡道。

范围（最大为 3000m²）。层间划分旨在阻止不同层之间的火势蔓延，通常使用耐火性混凝土地面来划分。在外墙上设置腰壁（高度 90cm 以上）或者帽檐（距外墙 50cm 以上）阻止火苗的向上窜。竖井划分是为了阻止火势沿着疏散楼梯、自动扶梯、电梯、管道井等贯通各层的竖井蔓延而设置的防火划分。

此外，阳台、帽檐等设施不仅具有①阻断火势层间蔓延；②作为中间走廊被烟雾弥漫时的替代避难通道或者临时避难场所等防灾作用，而且还具有③控制日照；④维修外墙时的场地等降低环境负荷的作用，应当积极采用。采用通常阳台设计，上述作用更加明显，还可以满足突出水平线的建筑立面设计要求（图 6.3）。

#### d. 控制排烟

避难时，烟气比火苗更恐怖。火灾发生时，造成人死亡的主要原因不是被火烧死，而是吸入有毒烟气中毒死亡。所以，为了提高避难时的安全性，有必要控制烟气的流动，避免避难通道被烟气堵住。

控制烟气的方法，大体上可分为排烟和蓄烟。

1）防烟分区：有固定式防烟墙和防烟卷帘两种类型。固定式防烟墙采用不燃材料，从顶棚到地面完全划分。防烟卷帘挂在顶棚处，发生火灾时，垂下来阻止烟气的水平流动。防烟卷帘还具有抬高顶棚处的烟气浓度，使烟感装置迅速启动的作用。

2）排烟：烟气进入防烟前室、避难通道等处，会严重阻碍避难行动和救援。尤其是中间式走廊由于烟气不易排出，必须设置排烟设施。排烟设施分为开启窗向外排烟的自然排烟和使用风扇进行强制排烟的机械排烟。由于有风时自然排烟效果较差，高层建筑不宜采用。

3）蓄烟：剧场、室内运动场等层高较高的空间，在火灾发生时可以利用很大的气体容积积蓄烟气，迟缓烟气向下流动的时间，借此延长避难时间。室内庭院在平常可以提高舒适度，发生火灾时还具有蓄烟作用，容易使人判断火灾发生地点，有利于避难（图 6.4）。

市立丰中医院（设计：日建设计）　阪急 Grand 大厦（设计：竹中工务店）

**图 6.3**　设置通常阳台的建筑

**图 6.4**　具有蓄烟作用的室内庭院
大型室内庭院，可将使阳光投射到地下，发生火灾时又可作为蓄烟空间（东京国际广场）

#### e. 弱者的避难安全

医疗、养老院等为行动不便的老年人、残疾人、住院患者提供服务的设施，最担心的灾害就是火灾。仅遵守建筑基准法和消防法对其安全性的要求，不能保证其安全性很充分。应当根据不同情况，采取诸如：设置连续的避难阳台（图 6.5）、划分防火分区并可以相互避难、设置笼城分区（指设置双重防火分区和各自独立的电气、空调设备，除火灾发生区以外其他区域不需要避难的方法）、设置临时滞留场所（消防队实施救助之前不能受到热气和烟气的影响，图 6.6）等措施。

除此之外，作为轮椅使用者的避难设施，要设置避难坡道（图 6.7）。独自进行避难时，坡道上加速容易发生危险，坡度要尽量缓，同时缩短休息平台之间的距离。由于坡道的坡度越缓，所需的面积越大，避难距离越长，建设费用越高，

**图 6.5** 避难用连续阳台（大爱）

在电梯厅内设置的轮椅使用者用临时滞留场所（大和房屋金泽大楼）

与室内没有高差的避难阳台（多摩老年公寓）

**图 6.6** 轮椅使用者避难场所

**图 6.7** 轮椅使用者用避难坡道（大爱）
左: 坡度为 1/16，存在被加速风险
右: 利用墙壁隐藏坡道（中间露出部位是休息平台）

对建筑立面设计的影响也越大。因此，到目前为止，多使用在中、低层残疾人设施中。不过，采用避难坡道的工程数量在不断增加。

发生火灾时，通常会拉闸停电，加上竖井内烟气弥漫，故原则上不允许使用电梯避难。但是，安全性可以得到保证时也允许使用电梯避难。

### 6.1.3 降低灾害的建筑规划方法

在阪神·淡路大地震中，原本应该在灾害发生时发挥作用的市政府大楼、消防署、警察署、

医院、电信局等建筑物受到地震破坏，丧失了运行功能。值得深思的是，尽管有些建筑物的结构受到轻微损伤，但是内装材料的掉落、破损，家具的倒伏，门的变形，设备和管线的破坏，造成人员伤亡和财产损失。

总结阪神·淡路大地震，人们广泛认识到规划方法对降低灾害的重要性。当发生地震等灾害时，首先确保人的安全，防止次生灾害的扩大，维持最低限度必要功能的运转，及时改变建筑功能作为避难所和避难救助点使用。这些都离不开适当的规划方法。以下对规划方法做了具体的归纳和整理。

①用地选址：把握用地特性（地形、地质、气象条件），调查该用地有可能遇到的灾害种类、规模大小、发生频率，研讨建筑规划的相应对策；

②总平面规划：布置建筑物时，考虑好用地边界、道路距离、楼间距等因素，降低火势有可能蔓延的危险性。发生地震时，在可能有瓷砖、玻璃等物体或冰雪掉落的地方布置植被草地或水池，阻止人靠近；

③单体平面规划：虽然电脑可以精确进行结构计算，但是原则上还是要采用对称、规整的结构平面。还有设置简单明快的避难通道，设置双向避难，居室、走廊、楼梯尽量采用自然采光和自然通风等，都是规划的重要内容；

④剖面规划：头重脚轻的结构和底层大空间结构对地震非常不利。采用此类结构要慎重考虑。采取上部分若干层适当内缩的结构或者设置阳台，对防止地震时外墙体或者玻璃坠落地面，火灾时火苗上窜蔓延，作为临时避难场所等非常有益。防止水害重点放在地下室的防水，功能运转所需控制室和设备应放在二层以上位置。江户东京博物馆（1992年）的设计采取悬挂在空中的结构形式，也有考虑隅田川洪水泛滥的一面。大阪市水上消防署（1998年），汲取阪神·淡路大地震教训，为了有效抵御大地震引发的海啸，把电气室、设备间等功能间设置在六层，使灾害发生时的功能正常运转（图6.8）；

**图 6.8** 大阪市水上消防署把电气间和设备间放在六层，即使首层被海啸、大潮淹没，也能正常维持功能运转

**图 6.9** 发生儿童被夹死亡事故，遭到停运的自动旋转门（现已被拆除，改用一般自动门）

⑤内装规划：采取措施防止内装材料的掉落，家具的倒伏，保证灾害发生时的避难通道畅通；

⑥设备规划：平常使用太阳能发电、储存井水，预备电力、水路、通信，确保灾害发生时最低限度的功能维持；

⑦灾害发生时的功能转变性：灾害发生时，可以直接改为避难、救助点使用。在硬件方面，要求房屋抗震、耐火、空间大小可调整。在软件方面，时刻把日常和紧急情况放在同等位置，灾害发生时，日常的设施、设备（硬件）和管理人员（软件）能够直接投入紧急状态当中。

### 6.1.4 平常时期的灾害
#### a. 与建筑物有关的平常灾害

在日常灾害中，包括住宅在内的各类建筑物，造成人员死亡数最多的事故依次为：溺水、跌倒、坠落（直接从空中落下）、滚落（一边接触楼梯等附着物一边落下）、被火烧伤。在建筑物中发生日常事故，多数是由于设计者在进行设计时没有充分把握人的行动心理、行为准则、行为能力，尤其是对与成人相比，其行为能力和危机处置能力较差的儿童、老年人、残疾人的考虑不足所引起。特别是对不指定多数人群使用的公共建筑和公共空间，设计师必须格外注意日常灾害的发生因素（图 6.9）。

日常灾害的发生率之所以居高不下，主要是由于一方面社会的高龄化不断向前发展，而另一方面各种灾害信息没有形成互联互通，没能及时反馈到设计。处理审美性与安全性的关系时，把审美性放在优先位置。轻视安全性的设计容易引发日常灾害，为了弥补这种设计缺陷，采取在危险场所粘贴告示、涂刷鲜艳色彩等不得已的补救措施的案例举不胜举。

#### b. 发生日常灾害的原因和易发地点

与建筑物有关的发生日常灾害的主要原因列举如下（图 6.10）：

①采用表面磨光石材、金属、陶瓷瓷砖等材料的地面，地表面光滑，尤其被水湿润后很容易使人滑倒；

②使用同一材料铺装的楼梯，难以分辨高度差，容易发生踩空的危险；

③坡度较陡的楼梯、中间没有休息平台的直跑楼梯、没有扶手的楼梯、旋转楼梯等，不仅老年人、残疾人不适宜，对正常人使用也会造成不安的心理，具有危险性；

④使用大面积玻璃，容易使人注意不到头顶和脚下的突起物，从而发生碰撞、绊倒等事故；

⑤楼梯栏杆采用水平布置形式时，容易使儿童脚踩栏杆向上爬，如果栏杆高度较低，儿童失去平衡时就会发生坠落事故。楼梯栏杆采用竖向布置形式时，如果栏杆间距过大，有可能造成儿童从栏杆之间的缝隙中坠落。

左：在台阶端部采取不同颜色，提示行人有高差

右：在突起的锐角角部，设置三个圆管，防止行人绊倒

左：放置圆锥体，提醒行人此处高差（现在已经改正）

右：在比较长的斜坡下端设置自动门，对轮椅使用者非常
危险

左：长凳处的净高只有180cm

右：在楼梯边设置圆形短柱，以图阻止行人上楼梯时碰头

左：沿着水池边放置花盆，以图阻止行人误入水池

右：在斜柱子上虽然设置缓冲垫，但因与柱子颜色相同而不醒目

**图 6.10** 建筑设计中，需要注意的危险处所

## 6.1.5 群发事故

### a. 人群密度和人群压力

人群中的每一个人想必都是善良的，但是在人群中，个人的意识和理性有时会被埋没，失去控制时，有可能发生群发性踩踏事故。适当控制人群规模，保持人群的有序流动，是防止发生群发事故的有效方法。

运动场、剧院、音乐厅等建筑物，空间结构和人员数量都是明确的，人群疏导规划也相对容易。但是在野外音乐会、烟火表演等室外集会，入场人数和人群性质复杂，不确定因素较多，引导、制止、信息传送等人群控制非常困难。根据会场地点、集会类型，设立交通疏导、制止暴走族等不同预案。主办者、警察、警备专业公司必须建立危机处理临时机构，应对现场的突发事件。事前必须做好应对拥挤、踩踏的预案。

### b. 人群的控制方法

以下为防止群发事故的人群控制方法（图 6.11）：

①道路宽度要对应人数：防止人群合为一处时的滞留（图 6.12）；

②不做收口，避免人流停滞：把容易形成瓶颈的出入口、检票口、楼梯台阶区域通道加宽；

③设置滞留空间：设置临时停留空间，防止人群在通道、出入口的瞬间聚集；

④设置专用通道：在集会场、学生出入较多的车站，设置专用通道和出入口，调节高峰峰值；

⑤实施动线分离：采取按照人群的不同步行速度和目的设置动线，分离正反方向的人群动线，设置单行动线等，避免人群的动线混乱；

⑥延长动线：采取迂回设置人群动线，使人群沿着固定栅栏蛇行等方法，缓解人群压力。也

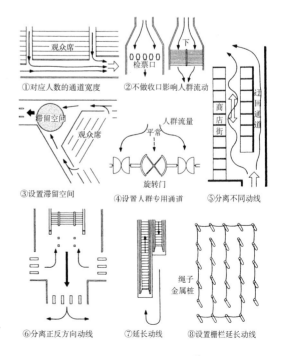

**图 6.11** 人群控制方法[1]

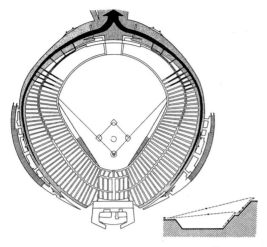

**图 6.12** 西武圆顶球场的动线规划[2]
以出入口为中心，根据人群流量递增通道宽度

可以派固定工作人员，在现场充当栅栏的作用，及时处理危险因素；

⑦使用坡道：采用坡道代替台阶（法律规定的坡度是小于 1/8）；

⑧规定队列位置：在地面划线，引导队列按照规定的位置行进；

⑨及时传递信息：正确掌握人群动态，向现场管理者和人群随时通报正确信息；

⑩调节人群峰值：如同相扑比赛的"横纲"持弓入场仪式，主要内容结束以后，安排一些感兴趣的后续小品，缓解人群的集中离去。

### 6.1.6 防范环境设计
#### a. 恶化的治安与防范环境设计

1955 年建造的"爱护蓝色"住宅小区（11 层建筑，2764 户），若干年后成为犯罪和吸毒场所，房屋空置率达到 70%，仅过了 19 年，不得不进行拆除（图 6.13）。此外，还有许多住宅地虽然还没有到拆除的程度，因治安状况日趋恶化导致房屋空置情况在增加。房屋空置反过来又加剧治安的更加恶化，陷入恶性循环，面临成为贫民窟和废墟的危险。鉴于这种背景，欧美等国自 20 世纪 80 年代开始进行防范环境设计研究，顷刻间受到广泛关注。

另一方面，相比欧美，日本的治安状况一直被认为好很多。不过，近年来也开始担心治安状况的日趋低下，不得不认真面对防范环境设计问题。尤其是在大城市近郊区的新型住宅区，存在白天老年人、女性和儿童占一大半、路灯昏暗、邻里关系陌生、夜间行人少、存在容易窥探住宅情况的空地等诸多问题，入侵住家和马路犯罪时有发生。

#### b. 破坏公物

所谓破坏公物（Vandalism）是指故意的破坏行为。词汇来自 4 ~ 5 世纪班达尔王国（公元 429 年 ~ 534 年）侵略并掠夺西班牙和罗马的故事。破坏公物的表现形式以破坏、乱涂乱画、放火居多，实施者多为对社会、个人和组织怀有不满的年轻人。20 世纪 50 年代以来，破坏公物成为欧美各国深刻的社会问题。日本也随着治安状况的日趋恶化，破坏公物的犯罪行为也开始突出（图 6.14）。如果对破坏公物的行为听之任之，事态会更加恶化，陷入恶性循环，必须及早采取措施加以防范。

对环境与犯罪的关系问题，简·雅各布斯在其著作《美国大城市的死与生》（1961 年）中有明确阐述。她在书中提出：大规模区域开发形成的城市比老城市更容易发生犯罪；必须明确区分公共空间和私人空间；建筑物必须面向马路等观点。奥斯卡·纽曼提出的"可防卫居住空间"（1972 年）理论，更加完善了环境设计防犯罪方法，成为美国和英国防犯罪环境设计和破坏公物行为研究的基础。

**图 6.13** 建造后第 19 年被拆除的"爱护蓝色"住宅小区
（美国圣路易斯）[3]

**图 6.14　破坏公物的案例**

左上：空房玻璃破坏和乱涂乱画（伦敦）

右上：集合式住宅山墙上的乱涂乱画（英国贝尔法斯特）

下：围墙上的乱涂乱画（大阪）

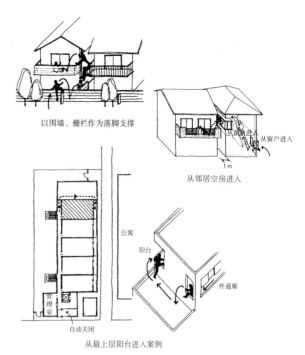

**图 6.15　入侵住宅通道案例** [4]

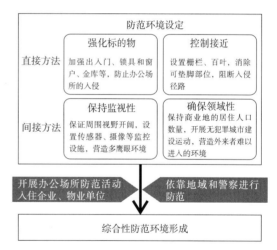

**图 6.16　综合性防范环境设计** [5]

#### c. 住宅被侵犯的状况

对于独立式住宅，以下情况是容易发生住宅侵犯的共同点：①由混凝土高墙、车库、植树形成的盲区；②有垫脚的物体；③与邻居外墙过于靠近；④二层阳台可以当作墙裙板；⑤忘记锁闭窗户（尤其是二层窗）等。

对于中、高层集合式住宅，电梯、楼梯、屋顶、自行车存放处等相对偏僻的地方容易发生犯罪。还有集合式高层住宅的最上层，经由屋顶贴着墙或形成盲区的屋顶阳台，进入室内的案例较多（图 6.15）。

设置摄像监控系统、照明、防范栅栏等设施可以提高住宅防范能力，但不能保证万无一失。

#### d. 防犯罪环境设计

防范环境设计是指，通过建筑物和街道的物理性环境设计或者重新设计，提高地域安全性，去除对犯罪的恐惧心理，消除犯罪隐患。旨在形成居民、警察、地方自治体联动的防犯罪综合性环境，使防犯罪效果得到更大提高（图 6.16）。防范环境设计原则叙述如下：

①保证领域性：提高居民的交流、警戒、可疑人监视能力，营造局外人难以进入的环境；

②保证监视性：培养居民对可疑人和可疑行为的分辨能力；

③支援地域活动：促进居民有意识地使用公共设施；

④明确建筑物等的属性：明确公共设施和私有物；

⑤强化薄弱对象：加强住户的出入口、窗户闭锁、门扇、玻璃等薄弱部位；

⑥控制接近：在有可能侵入路径设置障碍，使侵入困难；

⑦环境：充分考虑周边环境，限制使用有争议的设施或者划出场地界线；

⑧形象与维护：保持设施的清洁，进行适当的维护管理；

⑨保持自然监视性：营造视野开阔，一目了然的周围环境。

**e. 重新树立社区自然监视系统**

社区的自然监视，可以营造怀有恶意的外来者侵入困难的气氛。提高自然监视功能的方法有：保证视野开阔，设置围栏、出入门、围墙、告示牌等示意领域，对他人宣示"不得入内"的强烈的意识表示。同时积极整理住户门前的盆栽、自行车、储物、清扫工具等，展现居住者的生活状态和个性。胡同是具备这种特征的典型的空间（图6.17）。

在无法实施自然监视的环境，可以设置对讲电话、监控摄像、可视屏、自动门、防范传感器等防范设备。不过，防范设备只能起辅助作用，完全依靠防范设备是万万不可取的方法。在集合式住宅中，即便共同出入口是让人放心的自动门，而且自家玄关和阳台也都已闭锁，也不能粗心大意。还有如果过于侧重防范，当火灾等灾害发生时有可能发生打不开锁而不能及时逃离的危险。所以，考虑安全防范问题时应该结合避难安全统筹解决。

**图6.17** 可以实施自然监视的胡同空间（大阪市中央区）
盆栽、自行车、说话声、刚刚洒水的地面等生活"即时表现"可以提高防范作用。

## 6.1.7 安全性、经济性以及地球环境问题

提高环境的安全性，对应的成本通常也会上升。以地震为例，设定的建筑物使用年限越长，则遭遇强震的概率越大。因此，应该根据建筑物的用途、社会重要性、受灾风险评估等因素，决定建筑物的抗震等级。相应地，安全性标准越高，越可以较好地控制受灾风险（人员伤亡、结构破坏、财产损失等）。这对台风灾害、水灾、火灾、防范等同样适用。

建筑物的抗震和防火性能要依据建筑基准法、消防法以及其他防灾有关规定设计。需要指出的是，这种设计是最低标准的安全设计。考虑到施工水平的良莠不齐、材料性能的逐年下降、现行法规的修改和强化等因素，设计应该留有充分的余地。

另一方面，追求经济效率，把日常的便利性和经济性放在首位，把安全性投资放在后面的倾向在抬头。认为在建筑物的生命周期内遭遇大灾害的频率很低（也许遭遇一次或没有）时，还要考虑大灾害不太现实。

否定这些理由，首先要明确以下问题：

①安全性投资，不仅降低灾害发生时的各种风险，而且还可以提高日常生活的舒适度和空间的富裕度，可以降低日常维护、采光采暖费，减轻环境负荷。从生活周期总成本上看，完全可以回收投资。

②对建筑性能的要求逐年上升，建筑基准法等法规也在不断修改，要求建筑物适应社会环境变化的呼声也很高。安全性投资符合上述需求，还可以提高饱和使用建筑物使用年限的可能性。如果能够做到这一点，则更为经济。

考虑到资源枯竭、地球变暖、废物处理等急迫的地球环境问题，因受灾或者治安环境恶化而要拆除建筑物是应该极力避免的，不应成为讨论的话题。

### 参考文献

1） 日本建築学会编：建築設計資料集成10「技術」，丸善，1983

2） 日本建築学会編：建築設計資料集成「人間」，
丸善，2003

3） 湯川利和：不安な高層安心な高層，学芸出版
社，1987

4） 山本俊哉：住宅侵入の被害事例とその対策，
建築と社会，No.961，日本建築協会，2002

5） 田中直人・老田智美：安全・安心の環境デザ
イン－新たなバリアフリーの試み－，建築と
社会，No.961，2002

6） マヌ都市建築研究所：防犯環境設計ハンドブ
ック［住宅編］，JUSRI リポート別冊，No.8，
（財）都市防犯研究センター，1997

## 6.2　大楼装修与房屋装修

近年来，住宅的气密性越来越好，同时采用含有化学成分的建筑材料也增多，导致装修房屋综合症（表6.1）病患也增加。为了规划健康的居住环境，必须在了解其产生原因的基础上，采取正确的措施。

### a. 概述

大楼装修综合症（SBS: Sick Building Syndrome）或者房屋装修综合症（SBS: Sick House Syndrome）表示由室内空气引起的健康伤害。该综合症没有特定病因，症状范围比较广。世界卫生组织（WHO）把表6.2所列症状定义为大楼装修综合症。最经常出现的症状是，对人的眼睛、鼻子和咽喉的粘膜刺激。房屋装修综合症的症状与大楼装修综合症类似，专指住宅里发生的症状。

欧美早在20世纪50年代就提到大楼装修综合症，经历70年代的石油危机，为了节能提高大楼的气密性。由此导致大楼装修综合症的更加突显，其病症的存在得到广泛承认。到了80年代变成社会性问题。日本在70年代制定了大楼卫生管理法，规定了大楼内空气环境的管理标准，设定

| 房屋装修综合症的定义[3]　　　　表6.1 |
| --- |
| 定义 |
| 由于受到室内空气污染因子，造成健康障碍 |
| 参考事项 |
| 室内空气污染物质 |
| 1. 甲醛，挥发性有机化合物 |
| （1）住宅建筑关联物质（木材、合板、内装材料、胶粘剂、防腐剂、防虫剂） |
| （2）生活空间关联物质（家具、日用器具、生活用品、办公器具、职业性化学物质） |
| 2. 颗粒状物质 |
| （1）生物学因子（真菌、螨虫类、细菌、花粉、宠物） |
| （2）灰尘、烟尘、石棉 |
| 3. 其他气体成分 |
| （1）物质的燃烧（一氧化碳、二氧化碳、氧化硫、氮氧化物） |
| （2）生活所致物质（甲醇、臭氧） |
| 5. 环境放射线 |
| ·氡（大地、花岗石、混凝土） |

注：作为室内空气污染源，包括送气口周边的污染物质。

| 大楼装修综合症的症状　　　　表6.2 |
| --- |
| 1. 对眼睛、鼻子、咽喉黏膜的刺激 |
| 2. 嘴唇等黏膜干燥 |
| 3. 出现皮肤红斑、荨麻疹、湿疹 |
| 4. 易感觉疲劳 |
| 5. 出现头痛，易感染呼吸道疾病 |
| 6. 感觉气闷，呼吸时有沉闷的声音 |
| 7. 出现非特定过敏反应 |
| 8. 反复出现眩晕、恶心、呕吐症状 |

必要的换气量，大楼装修综合症的发生次数并不多。到了90年代，随着高气密性、高保温性住宅的普及，房屋装修综合症反倒成了问题的焦点。

受此影响，90年代后半期，政府与学会、民间组织的调查研究得到迅速发展，提出了各种防治对策。

### b. 生物因子

自从1976年在美国的菲拉德尔菲阿酒店发生退役军人病（空调综合症）以后，大楼装修综合症开始引起人们的注意。退役军人病由在空调冷凝水中繁殖的军团菌等引起，发病的典型过程如图6.18所示。

通常认为霉菌和螨虫是代表性的生物因子。其中螨虫是位列第一位的污染源。再干净的房屋也有可能存在螨虫，螨虫可繁殖的温度范围是10～35℃，以室内尘埃中的有机物为食。在日本，通常是每年的6～8月螨虫最为活跃。在之后的两个月，螨虫过敏源达到峰值。螨虫主要以炕席、地毯等地面和沙发、垫子、寝具等作为栖

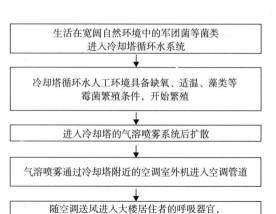

生活在宽阔自然环境中的军团菌等菌类
进入冷却塔循环水系统

↓

冷却塔循环水人工环境具备缺氧、适温、藻类等
霉菌繁殖条件，开始繁殖

↓

进入冷却塔的气溶喷雾系统后扩散

↓

气溶喷雾通过冷却塔附近的空调室外机进入空调管道

↓

随空调送风进入大楼居住者的呼吸器官，
引发肺炎、支气管炎等症状

**图6.18　空调综合症的产生过程**

息场所。有调查显示，在炕席、地毯的螨虫比木地板多 500 倍。办公楼等住宅以外的建筑，螨虫数量非常少，1g 灰尘中的螨虫数量大约是住宅的几十分之一至几万分之一。

霉菌在高温高湿环境下的繁殖力最强。但是在室内，结露是诱发霉菌的主因。当室内空气湿度高，室温比墙面温度高时，会发生结露。尤其是室内空气停止流动时更容易发生结露。还有，由于霉菌是螨虫的食物来源，故产生霉菌时会引起螨虫的繁殖。

### c. 化学因子

使用挥发性化学物质的建筑材料（包括胶粘剂、可塑剂、防虫剂等），会使室内空气受污染，是产生房屋装修综合症的另一个原因。房屋装修综合症引起人的化学物质过敏症，挥发性有机物质（VOC：Volatile Organic Compounds）是其主要原因。除了建筑材料以外，VOC 包括空调、采暖器具、家具、家庭用品在内的几乎所有物品中，都存在挥发性有机物质。

甲醛是代表性 VOC 物质，图 6.19 表示甲醛浓度与发病症状之间的关系。

图 6.20 是厚生劳动省规定的 VOC 浓度指导值。图中，室温 23℃ 所对应的甲醛浓度值是 0.08ppm，此时刚好可以闻到甲醛气味。不过，实际的室内环境的温度变化还是很大的，温度较高时，甲醛的挥发量也会增加。所以，夏季或者采暖期特别要注意。图 6.21 是一些国家规定的 VOC 浓度指导值。

从室内空气中检测到的 VOC 种类有 100 种以上，并且每一个 VOC 中的影响健康的、尚没有发现的因素还很多。为此，近年来提出总挥

| 挥发性有机化合物 | 室内浓度指导值 | 室内浓度指导值（ppm） |
|---|---|---|
| Chlorobirihos | 0.07 ppb | |
| Hudarusanjibujiru | 0.02 ppm | |
| 钯氯苯 | 0.04 ppm | |
| 苯乙烯 | 0.05 ppm | |
| 甲醛 | 0.08 ppm | |
| 甲苯 | 0.07 ppm | |
| Kixilien | 0.2 ppm | |
| 乙基苯 | 0.88 ppm | |

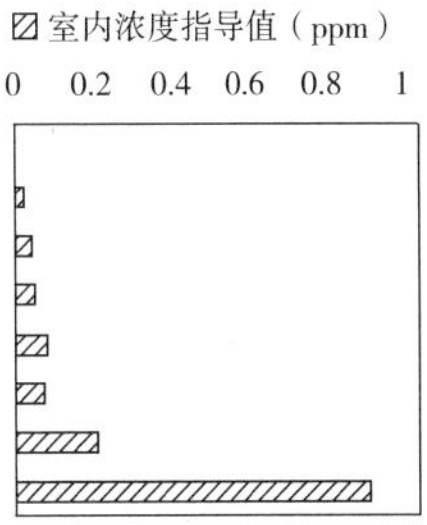

**图 6.20** VOC 室内浓度指导值（2003 年 2 月）

| 国家 | 指导值、限定值（ppm） | 指导值、限定值（ppm） |
|---|---|---|
| 挪威 | 0.05 | |
| 加拿大（目标） | 0.05 | |
| 世界卫生组织 | 0.08 | |
| 奥地利 | 0.08 | |
| 意大利 | 0.1 | |
| 澳大利亚 | 0.1 | |
| 荷兰 | 0.1 | |
| 德国 | 0.1 | |
| 加拿大（现行） | 0.1 | |
| 美国（USEPA） | 0.1 | |
| 瑞典 | 0.11 | |
| 丹麦 | 0.13 | |
| 芬兰 | 0.13 | |
| 瑞士 | 0.2 | |
| 西班牙 | 0.4 | |
| 美国（连邦政府） | 0.4 | |

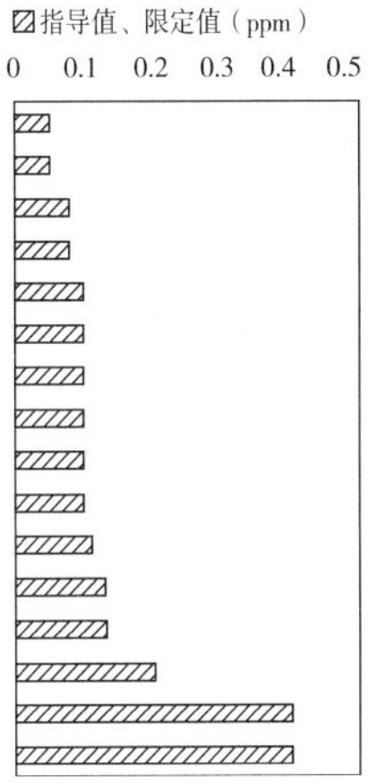

**图 6.21** 一些国家的甲醛室内浓度指导值、限定值

发性有机化合物（TVOC：Total Volatile Organic Compounds）概念，它是旨在降低整体 VOC 指标的补充性指标。

### d. 对策

室内空气中的化学物质、细菌、霉菌等的浓度必须控制在不影响身体健康的程度，这一点很重要。为此必须采取：①减少发生源；②进行有效通风；③进行烘烤、吸附、分解等处理，具体对策参见表 6.3 概要。

①是指市场上销售的产品种类很多，施工方法也各式各样，要改善建筑材料的制造和加工过程，期待合格的产品以合理的价格在市面流通。③是指室内的实际温度通常最高 40℃ 左右，不可能达到更高的温度，所以多数的研究结果对室内温度杀菌效果持否定态度。使用空气清洁器进行吸附和分解，具有被 2 次污染的风险。因此，①中的建筑材料选择和②的换气方法是设计者最为关注的解决方法。

| 对人体的影响 | 甲醛浓度（ppm） | 甲醛浓度（ppm） |
|---|---|---|
| 感觉到气味 | 0.08 | |
| 感觉到刺激眼睛 | 0.4 | |
| 引发咽喉炎症 | 0.5 | |
| 感觉到刺激鼻子 | 2.6 | |
| 流眼泪 | 4.6 | |
| 流眼泪强度加大 | 15 | |
| 危及生命，浮肿，肺炎 | 31 | |
| 死亡 | 104 | |

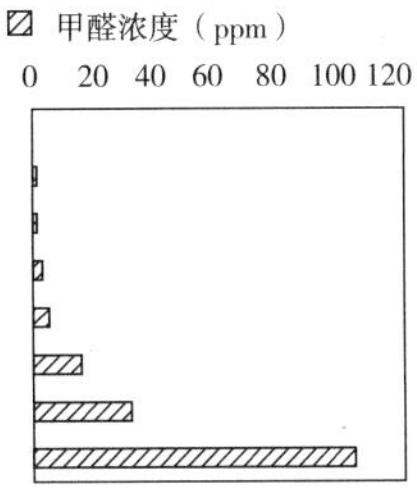

**图 6.19** 甲醛浓度与各种症状的关系

| 房屋装修综合症防治对策概要 | 表 6.3 |
|---|---|

| 因子 | 对策 |
|---|---|
| 霉菌、细菌 | 使用保温材料等，使结露难以发生<br>有效进行室内通风换气，控制湿度<br>湿度较高时，使用除湿器<br>使用调湿性高的内装材料（木材、涂料、壁纸等）<br>使用具有防虫效果的内装材料（扁柏、丝柏等） |
| 化学物质 | 不使用挥发性有害物质含量高的建筑材料<br>完工没多久的房屋，空气中滞留着大量有害物质，要做好通风换气 |

针对细菌和霉菌的产生，有效的解决方法是：提高保温性能，积极进行通风换气和除湿，防止结露。

### e. 换气

室内空气的换气率用一小时内的换气次数来表示。二战前在紧闭门窗并且不使用排气扇的情况下，室内空气的换气率为 1.5 次。而到了 80 年代后半期，住宅的气密性普遍得到提高，其室内空气的换气率仅为 0.1 次。如此低下的换气率下要确保室内空气不受污染，最重要的方法是通风换气。

2003 年修订的建筑基准法规定：作为防止房屋装修综合症的对策，必须设置换气设备，保证换气率达到 0.5 次以上。[注1]

不过，建筑设计不应完全依靠机械设备，要采取措施引入自然通风的方法。首先采取有利于空气流动的开口部布置，因为即便不启动 24 小时换气，仅浴室和厕所的换气量也有 100 ~ 200m³/小时，布置得当，可以获得相当不错的效果。[注2] 问题的焦点在于如何保证无需排气扇的空气吸入口。

开窗是最有效的换气方法。只要有风，可以在一个小时内换气多次。进风口小，出风口大时，风容易进入。风向在室内成对角时，空气容易扩散，换气效果好。没有风的天，开启不同高度的窗户，利用温度差使空气在室内流动。

要做好建材的选择和有良好风向的空间规划，同时还要方便居住者使用，建立不依靠设备的生活形象，营造健康舒适的居住环境。

### 参考文献

1） 建筑環境技術研究会編：環境からみた建築計画，鹿島出版会，1999
2） 建築知識，2001 年 3 月号
3） 建築雑誌，Vol.117，2002

注1 根据结构方法、顶棚高度等规定换气次数。
注2 摘自《朝日新闻》2004 年 6 月 8 日"生活栏记事。"

## 6.3 环境的维护

### a. 维护的回顾

位于非洲尼罗河畔杰内老城区的大清真寺（图6.22）的外墙由泥土制作。每到雨季，泥土外墙常被雨水冲刷。雨季结束以后，当地的专业机构采用附近泥土重新修补。这种修补工作经历了数百年，雄伟的清真寺至今还屹立在我们面前。从土墙上突出来的木块，原来的用意是维护用脚支撑，结果成了饰面格调，富有创意性。赞誉它浓缩了保护建筑的理想姿态也不为过。

还有，近代以前的欧洲垒石建筑多采取水平凸起的房檐、基座、窗台、滴水槽等细部创意，防止被雨水污染。由于使用本地产石头和砖瓦，保证了稳定的材料供应。经过漫长岁月，形成"娴熟"、"风味"、"成熟"的独特的风格。这种尽显正面形象的建筑物的长时间演变，我们称它为"老化"（aging）。

### b. 建筑物产生污染和弱化的原因

雨水、尘埃、粉煤灰、化学反应、盐化、生物侵蚀（鸽子、昆虫、霉菌）等，是建筑物外墙发生污染的原因。发生污染的地点和程度与材料、形状、部位、方位、构造等关系密切。尤其是在露在外面的横梁的垂直部位，栏杆和窗台下部，瓷砖和石墙接缝处，预制板接缝处的封堵部位，外墙面较大凹凸区域的下部，外墙窗框下部，通

风口周围，鸽子停留处等部位非常容易被污染（图6.23）。现在的建筑里的帽檐、窗台、基座、散水等，要么不采纳要么只作为表现手法，其原有功能基本被忽视，防水处理大部分依靠封口处理方法，多使用耐久性、耐候性较差的新材料，存在外墙污染突出，加速退化等问题。建筑形状与外墙设计必须把清扫和维护方便，容易控制污染的产生，耐污染的材料作为选择重点。

### c. 建筑外观设计与清洁

建筑物在设计阶段考虑好日后的清扫、修补、检查、替换和成本等因素，使建筑物在较长时期保持良好的状态。外墙清扫，10层以内建筑物可以使用吊篮人工清扫，10层以上高层建筑需要使用可垂直水平移动的屋顶吊轨轿厢。对于超高层建筑，为了防止吊轨轿厢被风晃动，在玻璃幕墙的接缝处附加设置固定导轨（图6.24）。形状单一的建筑物预备一个吊轨轿厢基本满足需求。对于具有斜面、曲面、球面、复杂的凹凸面、大挑台等复杂形状的建筑物，则需要多个吊轨轿厢或者维护专用梯子（图6.25）。维护专用梯子体量较大，

图6.23　外墙污染

图6.22　杰内老城区大清真寺（非洲马里）

吊篮清扫　　　　　导轨轿厢清扫

图6.24　外墙清扫

富士电视总部大楼（仰视）　　　长寿 DI 大楼

**图 6.25**　维护专用梯子

**图 6.26**　大阪燃气大楼外墙的通长帽檐

**图 6.27**　大阪燃气集合式实验住宅面向 21 世纪
（1993 年，提供：大阪燃气）
（a）骨架（结构体），外包构件（外墙等），
内装（住户内装）的分离式建筑系统；
（b）外观远景．取消抗震墙，保留纯框架结构，
骨架（结构主体）寿命定为 100 年。

比较显眼，需要在设计上做些隐蔽处理。设计必须考虑维护成本和清扫作业安全，在与清扫设备厂家密切配合和征求清扫人员的意见的基础上，完成相关设计内容。

### d. 阳台与帽檐的作用

大阪燃气大楼（1933 年）的钢窗框由于得到通长帽檐的保护，至今仍在使用，没有被替换（图 6.26）。阳台和帽檐防风遮雨，防热，防紫外线的作用很大，可以延缓外墙、窗户的老化。此外还有防日照、减轻空调负荷和节能功效，便于清扫和维护替换，保护建筑物的效果很显著，设计上应该积极采纳。

### e. 提高建筑物寿命

日本建筑物的平均寿命（其中的半数以上是被拆除时的年限），钢筋混凝土结构为 35 ~ 40 年，钢结构为 35 年左右，木结构住宅大约是 30 年。仅为英国、美国、法国、德国等欧美发达国家建筑物寿命的 1/2 ~ 1/3。提高建筑物寿命对资源的有效利用和减少废弃物的关系重大。这一点，日本与欧美发达国家有较大差距。提高建筑物寿命可以从以下方面入手。

1）明确分离结构主体与内装、设备：结构主体的寿命（建筑骨架或支撑）一般较长，而内装和电气、给排水管线等设备（内装）部分一般每经过 10 ~ 30 年需要进行更换，所以要进行明确分离以保证日常的局部维修和定期的大修更为简便。面向 21 世纪（图 6.27）住宅是考虑这些因素的实验性住宅设计，投入使用以后，从中获得许多实验数据。

2）提高层高：改变建筑物使用用途的难易程度与剪力墙、柱子的位置有很大关系，同时层高也是主要的影响因素。20 世纪 70 年代以前，日本限制房屋高度为：31m（至檐口）。为了尽可能增加层数，此前的办公楼多采用层高 3.5m、室内净高（至顶棚高度）2.5m 的设计方式。进入 80 年代以后，办公自动化和标准化得到迅速发展。由于原有建筑层高不能满足引入信息系统所需地板高度（双层底板）要求，不得已被拆除。因此，20 世纪 80 年代以后新建的办公楼，其层高都取较大，现在已经出现层高 4m 以上、室内净高 2.8m 以上的设计案例。

3）转变用途：欧美建筑物的寿命比日本长，欧美建筑物的用途可以多次转变是其原因之一。在欧美经常发现原来的王宫、都城改作美术馆、宾馆酒店的案例，在他们眼里，改变建筑物用途是理所当然的事情。诸如由废弃的车站改造而成的奥赛美术馆（1986 年），把完成使命的、具有历史性地标意义的火电厂改造成为泰特长廊现代美术馆（2000 年，图 6.28）等改变建筑物用途的案例并不新鲜，这在日本是不可想象的。欧洲建筑文化侧重保护环境，把建筑物的使用寿命规定为 100 年，值得学习的地方很多。

### f. 面向建筑物的长寿命

建筑物在建造、改造、拆除时的二氧化碳排放量，是从竣工到解体为止包括建筑物使用期间排放量在内的建筑物总排放量（LCCO$_2$）的 1/3 左右。要降低建筑物总排放量，除了采取建筑节能化措施以外，尽量延长被拆除和改建期限，保持建筑物的长寿命很重要。节能建筑虽然是环境共存建筑，但是如果较短时间内被拆除重建，则建筑物的总排放量并没有降低。

**图 6.28** 现代美术馆（设计：赫尔佐格、德·梅隆，伦敦，2000 年）
（a）正立面：中央塔原为烟囱（b）一层展览室：保留吊车

在日本，建筑物的寿命往往取决于经济性，日本建筑学会等机构希望保留的建筑也多数被拆除，仅在形式上敷衍不得已要保留的部分，有历史性、文化性价值的近代建筑基本都处于被忽视的状态。此外，经历了 20 世纪 90 年代初期的经济泡沫以后，地价虽然有较大幅度的下降，但是在不动产总价中的比例仍然较高。目前的房屋建设还是以新地皮为主，住宅建设有一些优惠政策。地震、台风等大规模自然灾害也造成了建筑物的大量破坏。以上这些都是日本建筑物平均寿命较短的原因。不过，从前随随便便的破旧建新的做法，社会是不会允许的。建筑物的平均寿命至少与欧美接近。在建筑规划、设计、施工，以及日后的维护管理包括改变用途的可能性在内的所有阶段，都要重视建筑物的维护问题，以求延长建筑物寿命。建筑领域理应对缓解地球环境问题做出更大贡献，对这一点必须要有一个充分的认识。

### 参考文献

1) 土と左官の本 3，コンフォルト，2005 年 5 月别册
2) 建築技術，No.557，1996

# 7

# 针对老年人的环境规划与建筑设计

1933 年竣工的帕米欧结核病疗养院，曾经获得 1928 年设计
竞赛一等奖。

时年 30 出头的年轻建筑师阿尔瓦·阿尔托为在芬兰实现欧洲
首屈一指的国际性近代建筑，全身心投入建筑乃至家具、照明
等细部构造的设计工作中。

在重视合理性和功能性的基础上，关怀患者的细微不至的设计
是该建筑设计的最大特征。该设计作品的成功，使阿尔瓦·阿
尔托成为代表芬兰的国际性建筑师。

## 7.1 老年人的生理特性

### a. 老年人与衰老

如今，人的寿命在不断提高，"老年人"的概念也随之发生变化。通常将 75 岁左右身心功能急剧下降之前和 65 ~ 74 岁认为是老年前期，把 75 岁以上当作老年后期。随着年龄的增加，人的身心功能发生各种变化（图 7.1）。衰老在上了岁数的任何人身上都会出现，依据每个人的性格、生活习惯、精神状态，表现出很大的差别，仅靠年龄很难判断。它与每个人的生活欲望有很大的关系，衰老的表现方式也各不相同。也就是说，衰老不仅包括年龄的物理性的简单增加，而且还包括身体各个器官和组织功能的生理性下降，包括丧失社会地位和作用等各种条件的社会学概念。

### b. 老年人的身心功能特点

与年龄有关的身心功能的变化大致可以分为生理性功能和心理性功能。生理性功能多与生活环境有关。通常，人的身体功能到 20 岁时达到顶峰，之后逐渐下降。过了 40 岁时，其视力和腿力为全盛期的一半，过了 65 岁以后，心脏、听力等将下降 2/3。

老年人的身心功能下降不仅表现在生理性退化，还表现在发生疾病或者与生理性退化不同的衰老过程（如：发生障碍）。这种疾病和障碍对老年人比较普遍。表 7.1 是把老年人的身心功能特

心脏
血流量下降

血管
动脉硬化

骨头
骨质疏松容易
骨折

骨关节
变形
弯曲和伸展
范围缩小

肌肉
肌肉松弛
肌肉下降

脑神经
脑细胞减少
动作缓慢
把握平衡性不良

眼睛
花眼
发生白内障

耳朵
老年性听觉迟钝

呼吸道
呼吸功能下降

**图 7.1** 衰老的表现方式[5]

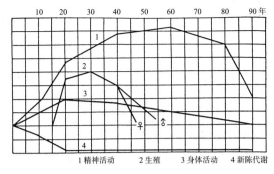

10　20　30　40　50　60　70　80　90年

1 精神活动　　2 生殖　　3 身体活动　　4 新陈代谢

**图 7.2** 人生生活曲线[3]

性分别从生理性功能、身体性功能、认知性功能、统合性功能整理的结果。伴随老龄化产生的功能变化，如何影响人的活动，环境规划又是如何考虑，这些问题必须引起重视。

1）生理性功能的变化：从人体内脏的功能上看，一般为随年龄的增加，其内脏重量将会变小。大脑重量在 15 ~ 20 岁时最高，之后逐渐递减。随着大脑重量的减少，其神经功能也随之下降。导致语言能力和记忆力的下降。

随年龄的增加，最大换气量（每分钟可呼吸的最大气体量）和肺活量也会降低。将导致持久力的下降，容易疲劳。还有容易患呼吸系统的支气管炎、哮喘等症状。易发生心血管系统的血压升高，站立时眼前发黑等症状。易发生肾脏、泌尿系统的排尿减少和尿频症状，半夜起床排尿是老年人的特点。

2）身体性功能的变化：易发生骨关节的萎缩、弯曲和硬化。脊椎和腰椎的萎缩和扁平化，脊椎弯曲度（驼背）的增加是其原因。身高一般减少数厘米。这些现象将导致移动或者活动身体的力量下降，直不起腰腿，手指、手腕、脊梁等的力气衰落，敏捷性下降，平衡感下降，不能适应瞬间变化，容易发生事故。应做好空间性应对对策，使老年人避免发生不自然姿势的行为、看似站立却变成坐的动作等。手握力的下降，会使日常生活空间中的操作能力下降，要布置适当的空间，使老年人自如的活动手指、手腕和胳膊肘。

3）感觉性功能的下降：人的感觉包括视觉、听觉、味觉、嗅觉、触觉、平衡感等。这些感觉

| 随年龄的功能变化 | | 活动特点 |
|---|---|---|
| 生理性功能 | 大脑功能变化 | 语言能力下降，记忆力下降（容易忘记） |
| | 肺功能变化 | 肺活量下降，持久力下降，容易疲劳 |
| | 心血管功能变化 | 血压易升高，容易发生站立性低血压 |
| | | 站立时眼前发黑 |
| | 肾脏、尿路系统变化 | 发生尿频和尿失禁 |
| | 呼吸系统变化 | 容易发生支气管炎和哮喘 |
| 身体性功能 | 骨头、关节萎缩，弯曲、硬化 | 人体尺寸缩短，手够不到高处，视线受阻，步行困难，坐立困难，拿捏不准，骨头变脆易骨折 |
| | 肌力下降 | 支撑身体困难，支持力下降，走路慢，腿抬不起来，稍有高差就会摔倒 |
| | 皮肤变化 | 对温度、疼痛的感觉下降 |
| 感觉性功能 | 视觉、辨色力下降 | 视力下降，感觉眼花，看不清蓝色和黄色 |
| | 听觉下降 | 听不见高音发声处 |
| | 味觉、嗅觉下降 | 较难分辨气味和味道 |
| | 温感反应下降 | 较难分别温度的高差 |
| | 平衡感下降 | 较难保持原有姿势，容易摔倒 |
| 认知性功能 | 认知能力下降 | 反应速度下降，记忆力减退，新知识掌握力下降 |
| | 判断力成熟 | 根据丰富经验进行合理判断 |
| | 痴呆状态 | 较难维持基本的日常生活，分不清空间，不认识家人，发生各种行动障碍（睡眠、迷路、大声、徘徊、暴力等），发生各种情绪障碍（精神紧张、不安、抑郁、易怒、不满等） |
| 统合性功能 | 个性 | 依赖性增加，孤独感增加，情绪不稳定 |
| | 运动功能下降 | 动作迟钝，较难做动作 |
| | 肌肉协调力下降 | 动作笨拙 |
| | 体力下降 | 不听劝阻 |
| | 防卫力下降 | 不能躲避瞬间发生的危险 |
| | 恢复力下降 | 消除疲劳需要很长时间 |
| | 适应力下降 | 不能适应环境的急剧变化 |

器官受到刺激时，将信息传递到大脑。老年人接受刺激的容器在减少，传达刺激信息的能力在下降，对刺激的反应迟钝。以视觉为例，随着年龄的增加和常年受到紫外线的影响，老年人的角膜、水晶体和视网膜发生变化和萎缩，导致视力下降，看不清细小的东西，颜色的分辨能力下降。水晶体的透光性减少，光线难以到达视网膜（花眼）。视力下降，引起分辨东西的能力下降，所以室内要保持一定的亮度。由于老年人的眼球聚光散乱，经常发生晃眼现象。白内障时的水晶体发生黄浊化，看不清黄色和蓝色物体，难以分辨相近的颜色。这一点在设计带颜色指示标记时必须留意。

在听觉上，较难听清频率长的高音。在味觉和嗅觉上，整体性感觉度下降，同时对咸味和苦味的感觉度下降。在触觉上，感知能力下降，容易撞墙受伤。所以，对身体有可能触碰的地方，在选择材料和内装上要仔细。老年人对温度的反应迟钝，容易发生烫伤和冻伤。老年人的平衡感觉与耳背有关，经常出现难以保持姿势的情形。

4）认知功能的变化：老年人的认知能力与大脑的关系密不可分，具体如何相关，很难用一句话说清楚。老年人认知能力的下降，表现在反应速度的下降、记忆力的减退、很难掌握新知识等方面。反过来，根据经验的判断能力却很成熟。老年人的痴呆问题也是不争的事实。心脑血管性痴呆是由脑溢血或脑血管堵塞引起大脑器官的病变所导致。老年性痴呆症尚没有明确的病因解释，无法采取有针对性的预防措施。表 7.2 列出老年

| 症状 | 内容 |
|---|---|
| 健忘 | 处在不能正确认识时间、场所、周围人以及自己的状态 |
| 走失 | 离家出走，无目的地来回走动 |
| 幻觉 | 看到现实中不存在的事物 |
| 烦躁 | 有轻度的意识混浊和幻觉，兴奋，夜里梦游等症状 |
| 妄想 | 坚信错误的想法，很固执，很难使其纠正 |
| 乱语 | 错乱回忆没有体验过的事情，讲述像模像样 |
| 失语 | 尽管声带、舌头、听觉、知觉等没有障碍，却发生言语障碍 |
| 失行 | 尽管运动功能、行为的认知能力没有障碍，却不能做希望做的行为 |
| 失认 | 没有感觉障碍或者有轻度的感觉障碍，却不能辨认。例如：见到熟人也认不出是谁 |

痴呆症患者的行动特性。

5）统合性功能下降：综合人身心功能的各个方面，可以得知老年人的人品、运动功能、筋骨的协调性、预备力、防卫力、适应能力等均下降。

6）针对老年人生理特性的环境规划：对于老年人，必须充分考虑伴随年龄增长产生的身体与心理变化。也就是建筑空间和服务必须符合老年人的生理特性。

从老年人的身体变化看，认为所有老年人都是障碍者的观点是错误的。针对身体的衰老变化，必须实现无障碍等物理性环境，有必要重新整理现有的环境条件。对老年人的日常生活环境来说，是以住宅等居住设施为核心的周围设施和环境为中心。环境规划不仅包括建筑设计，还包括家具、工具等内装和照明，必须综合考虑相关领域。为此，必须实施通用设计，为老年人群和周围所有人群提供交流顺畅、生活便利的环境。

近年来，以国家和地方的公共住宅为中心，包括民间住宅，相继提出适宜老年人居住的规划设计标准和指南。老年人生活群体仅仅依靠这些标准是不可能都得到满足的，还要针对每一个体进行相应的环境规划。所以，建筑设计必须反复确认生活者的各种条件。环境规划也要考虑每一位生活者的身体随年龄的变化和对家族带来何种改变等因素。作者在"新住宅开发项目：关怀老年人、身体障碍人系统技术开发"（原通商产业省）一文中提出，进行环境规划时，把身体的健康水平分成四个阶段来考虑身体变化状况（图 7.3）。

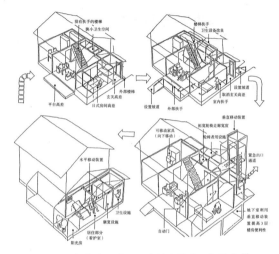

**图 7.3** 新住宅开发项目中的身体水平与住宅[9]

## 7.2 无障碍设计

### a. 无障碍设计概念与相关法律法规

无障碍设计是正规化理念的具体的思考方式之一。无障碍由"barrier：挡壁"和"free：自由、开放、去除"词汇组成，是指"没有挡壁"之意。

障碍引起的问题各式各样。如今使用无障碍一词的范围很广泛，不仅用在残疾人相关话题，还用在妨碍所有人社会活动的物理性、社会性、制度性、心理性领域中的障碍去除。

为实现无障碍，以国家和地方自治体为首的相关机构颁布实施各种法律、条例和纲要。在美国，从把导致20世纪60年代维护公民权利运动的种族歧视确定为违宪，到20世纪90年代对待歧视残疾人问题，都采用了无障碍概念。所颁布的 ADA（AmericanswithDisabilitiesAct，美国残疾人相关法律）就是法律具体化的体现。

国家和自治体根据法律、条例、纲要，规定便利设施、公共空间的设计标准。由于人类的生活不断变化和发展，在确定强制性、技术性标准方面也存在不少问题。最初的无障碍设计标准均来自相对发达的自治体实施的纲要等的汇编，之后陆续颁布实施条例、规则、标准。在此基础上，诞生了国家层面的硬件建筑法和交通无障碍法（详见后述）。

### b. 年龄增加与无障碍

老年人随着年龄的增加，手脚动作迟缓，即便是细小的高差，也会容易摔倒。老年人的上下肢和腰间乏力，对危险的运动反射神经和平衡感觉迟钝，很容易发生碰撞等危险。在运动功能下降的同时，视觉、听觉、嗅觉、触觉等感觉功能也在下降。尤其是视觉下降将导致获取周围信息面临困难。步行环境中的无障碍强调的是消除不被引人注意的地面高差，防止行人的跌倒或绊倒。地面要求使用防滑材料或者表面防滑处理。尤其要注意室外和被水浸湿的地面。作为身体运动能力的补充，常使用各种辅助工具。最常用的是拐杖和手扶推车，此时需要注意的问题是使用者步行空间的宽度和大小。突起物对知觉迟钝的老年人很危险，应当及时清除。步行距离较长，容易使老年人感觉疲劳，需要在合适的位置布置休息空间。步行所需的信息，对于本人生活环境可以通过反复练习获得，对于不太熟悉的陌生环境，需要采取适当的信息获取措施。设置标志是提供信息较好的常用方法。做标志规划时，注意文字的大小和色彩的平衡与对比度。采取合并使用视觉和声音信息传递可以有效补充较弱的感觉功能。对老年人的视觉环境，要求足够的亮度，各种标志必须确保容易看懂的亮度。

### c. 住宅的无障碍设计

谁都希望在习惯的地域、熟悉的自家，过自立的、普通的生活。这是生活的基本，是标准化的基本理念。住居（住宅）作为支撑这种生活的容器，承担最重要的作用。但是，就在这个最重

要的生活据点（住宅）内，老年人的事故多发频发（表 7.3）。原建设省长寿社会住宅设计指南（图 7.4）要求住宅设计不仅满足各住户的要求，而且做到尽量使所有人都能应对自如。指南的基本要求是：消除室内地面高差，必要的场所设置扶手，走廊和门方便轮椅使用者和有人搀扶时的通过。日本的住宅无障碍设计由于得到了住宅金融基金的融资支持，发展很快。

不仅要考虑住户，还要考虑使用轮椅的亲戚和朋友等来访客人。只要做到考虑细致，布置要点自然一目了然。站在住户、来访者的立场进行无障碍设计很重要。

不过，现在的日本住宅需要解决的问题还很多。例如：以前的木结构住宅，楼梯的踏步较高，梯段也长，非常不适合轮椅使用者生活；房间不够宽；老年人和残疾人很难租到出租住宅；租屋者不能进行住宅改造；年岁高不得已搬家等。解决这些问题，无论是房东还是租户，保障所有人都能继续居住，住宅政策和福利政策的扶持非常关键。住宅已经从保障供给时代转到提高生活质量（QOL）、软硬件两方面支持生活的时代。不管到了何时发生何种情况，住宅的不断整治必不可少。尤其在发生灾害时即便衣食无忧、医疗充足，如果没有安全又放心的居住条件，守卫生命和健康只能是一句空话。

住宅改造也叫作住宅改善，是针对老年人的一种服务。随着年龄的增加，老年人的身体功能下降或身体受到某种伤害，不能维持之前的日常生活活动，需要对原有住宅进行适当改造，尽可

**老年人在住屋内死亡事故（据厚生劳动省"2003 年人口动态统计"资料制作）** 表 7.3

| | 总人口 | 65 岁以上人口（括号内为百分比） |
|---|---|---|
| 在家庭死亡事故总人数 | 11109 | 8368（75.3） |
| 与住宅相关事故 | 4859 | 3900（80.3） |
| ①浴缸等溺亡 | 3064 | 2598（8408） |
| ②在同一平面内滑到、跌倒 | 979 | 841（85.9） |
| ③在楼梯、台阶坠落、跌落 | 433 | 295（68.1） |
| ④从建筑物坠落 | 383 | 166（43.3） |

①地面内装做到不光滑
②设置扶手（标准高度为75cm）
③梯段坡度要缓（梯段坡度取6/7以下）

①取消高差
②地面内装做到不光滑
③采用杠杆等容易使用的形状
④设置扶手
⑤保证可使用步行辅助器、手扶推车的宽度

①保证可看护面积（短边尺寸1.4m以上，面积2.5m²以上）
②减小高差（2cm以下单一高差）
③地面内装做到不光滑
④设置进出浴缸用扶手
⑤降低浴缸高度

**图7.4 长寿社会住宅设计指南**[1]

能地支持老年人的自立生活。改造内容多以消除浴室、卫生间的高差，安装必要的扶手等为主。这种改造与其说是方便老年人，不如说是以尽量降低看护人的负担为目的。

现在，看护保险是促进住宅改造的公共制度。由看护管理人制定针对个人的居家看护计划，根据该计划研讨住宅改造内容，有时根据需要选择换房。需要注意的是，看护保险有使用额度限制。

除了看护保险以外，还有住宅改造援助制度、住宅改造费用资助事业、换房租金资助事业、老年人住宅改造费用补助事业等。这些事业由各地方自治体的福利机构实施的居多，具体内容和资助金额各异，每年都有变化。设计、施工人员应该积极准确掌握这些信息，对业主和相关人士详细说明住宅改造和无障碍设计的必要性，并得到充分理解。

#### d. 建筑物无障碍设计

以美国成立ADA为契机，日本也旨在实现建筑物的无障碍化，于1994年制定并实施"关于促进适合老年人、残疾人利用的特定建筑物发展（建筑硬件法）"的有关法律。法律强调不特定多数人使用建筑物（特定建筑物）的所有者，有义务采取措施方便残疾人等群体使用，规定了应当采取措施的评判标准，同时规定都道府县知事采取必要的措施进行指导和支援（图7.5）。

其主要内容如下：①百货店、酒店等不特定多数人使用的建筑物（特定建筑物）的所有者（特定建筑物业主），必须对出入口、走廊、楼梯、厕所等采取必要的措施，方便老年人、残疾人使用。②建设大臣制定并公布特定评价标准（基础性标准和鼓励性标准），评价建筑物业主为方便老年人、残疾人使用所采取的措施。评价标准中的基础性标准，规定了阻碍老年人、残疾人使用的建筑物的各种障碍物的消除标准。评价标准中的鼓励性标准规定了老年人、残疾人使用建筑物时不会感觉不自由的相应标准。该法律于2002年重新修订，对无障碍化提出了更高要求。

#### e. 交通环境的无障碍设计

为使老年人、残疾人安全、方便地使用公共交通出行，2000年11月颁布实施有关"促进老年人、残疾人安全、方便利用公共交通出行的法律（交通无障碍法）"。该法律提出：①火车、铁路车站等旅客使用设施要求公共交通事业者推行

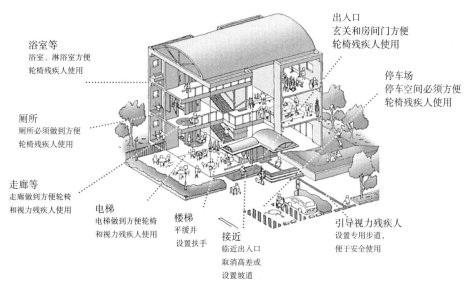

浴室等
浴室、淋浴室方便
轮椅残疾人使用

厕所
厕所必须做到方便
轮椅残疾人使用

走廊等
走廊做到方便轮椅
和视力残疾人使用

电梯
电梯做到方便轮椅
和视力残疾人使用

楼梯
平缓并
设置扶手

接近
临近出入口
取消高差或
设置坡道

出入口
玄关和房间门方便
轮椅残疾人使用

停车场
停车空间必须方便
轮椅残疾人使用

引导视力残疾人
设置专用步道,
便于安全使用

**图7.5** 建筑物硬件法[10]

无障碍化;②以铁路车站为核心的城市街区和村镇,对旅游设施、周边道路、站前广场等重点推行无障碍一体化。适用的铁路车站的规模规定为5000人以上/天,适用的车站辐射范围规定为,以车站为中心,半径500m～1km的范围。法律的基本构想是以上述区域作为重点治理区域,推动无障碍建设。

#### f. 依靠福利器具的无障碍化

为提高环境的适应性,可以利用轮椅、假肢、假腿、拐杖等福利器具。在有老年人的场合,可以利用看护保险制度借用或者购买。进行老年人的环境规划时,根据身体变化特点将适当的福利器具与建筑设计组合考虑为宜。在没有把握老年人的使用便利性和使用效果的情况下,机械地选择福利器具有时会不实用甚至发生危险。

今后随着研究开发的不断深入,新型的福利器具将会陆续登场。应当及时、广泛地进行宣传,为使用者讲解内容和效果,及时提供性能、价格等信息,并对使用中发现的问题及时进行改善和处置,使得使用者可以安全、舒适地持续利用。

## 7.3 通用设计

### a. 通用设计概念

现代设计要求改变以往针对特定人群的设计思路,把特定人群扩大到大多数人群甚至扩大到所有人群。它不同于无障碍设计解决个别问题的方式,旨在营造使用方便、有魅力的新的空间功能,采取面向全方位的设计方法。最近,为了更加明确全方位概念,常以通用设计替代无障碍设计词汇(表7.4)。通用设计可以简单理解为:所有人都可以利用的产品或建筑物的空间设计。通用设计概念包括易接近性、易适应性、无障碍、跨时代等言词含义。稍微的关怀和调整,为多数人的生活提供很多便利,这样的案例很多。积极推动通用设计事业,期待出现更加贴近生活的道具和空间。

| 通用设计7条原则 | 表7.4 |
| --- | --- |
| 公平利用 | |
| 　对任何使用者团体,都是有益的出售 | |
| 灵活使用 | |
| 　广泛适应不同人群的爱好和能力 | |
| 简单直接利用 | |
| 　与使用者的经验和知识无关,必须是有效传递信息 | |
| 信息要简单易懂 | |
| 　与使用者的知觉能力无关,必须是有效传递信息 | |
| 使用中的容错率 | |
| 　使偶然、无意间行为造成的危险性和使用中的不良结果限制在最小范围内 | |
| 降低身体的不适感 | |
| 　以最小的代价,自如、愉快、有效率的使用 | |
| 保证可反复使用的尺寸和空间 | |
| 　采取合适的尺寸和空间,无论使用者身体大小和姿势以及操作能力,都能接近、够得着、可操作、可利用 | |

### b. 通用设计与共用物品

在日本，作为推动通用设计的具体措施，使用公用物品和公共服务的名称进行商品和服务开发和普及事业。在高龄化社会时代，很有必要把身边常用生活用品高度系统化。从功能、设计上开发健康人、残疾人、老年人共同使用的产品或者系统。共用物品的开发旨在整合福利器具和一般用品，相继开发了任何人都能共同使用的产品，由此也带来了不少使用上的障碍。尽管都冠以通用设计的名称，但是经过严密分析，发现存在大相径庭的情况。在磁性卡片上做刻痕以区别不同种类，使用锯齿形标记区分洗发液和沐浴液等都是共用产品的代表性案例。不过是否觉得，开发一种不分前后、不分正反面，一插即用的磁性卡片更加贴近通用设计呢？近年来，无需插入的非接触型智能卡片也已上市使用，通用设计也在不断进步。当然，不能忘记进步过程中存在的各种不方便和危险性。对于老年人和残疾人，与其说是带来使用上的便利，不如说是不得不学习和掌握新的操作。随着通用设计的不断深入，相信我们会面对这个问题。

在商品的使用问题上，一方面把以前的福利器具尽量改造成通用型，另一方面把原本不属于福利产业的文具、家电、服装等纳入通用设计范畴。从而形成老年人、残疾人也方便利用的制造、服务一条龙的产业。

### c. 专用、优先、共用

与残疾人相关的环境治理和设计最初都采取专用的方法，即采取特殊的方法和措施，专供残疾人使用。但是，专用环境对大多数人来说不和谐，也存在使用不便的问题。还有一种观点认为：从整体的规模和组成架构上看，与其设置专用环境，不如给残疾人提供使用优先权利，使环境设计更加合理。不过这种观点始终站在把残疾人和其他人相分离的立场上。通用设计的概念不能离开共用的特点。公用的思考方式自然不能有区别，要以平等对待利用者为原则。既然是共用的东西和环境，自然应该是所有人都能接受的设计。

针对国际通用的象征性标记，作者做了印象调查。[1] 调查结果是，残疾人专用印象最强，共

用和优先的印象较弱（图7.6）。近年来，出现许多经过内部空间设施改造的多目的厕所（多功能厕所），在厕所门上标注共用标记（图7.7）。

### d. 通用设计的参与和体验

推动通用设计事业需要相关人员的积极参与和协助，共同享受推广的成果。以下介绍若干参与方法：

①居民参与：如今，在城镇建设，各种规划的方案讨论和审查方面基本上都有居民的身影，性质也由被动转变为积极、主体性的参与。居民不仅参与规划，而且在之后的实践阶段也都积极提供协助。

②研讨会（workshop）：原来的意思是指共同工作，而现在的使用范围拓展很广，从主体参加讨论，亲身体验，相互学习和激励，到组成小组学习和研讨。这个方法不仅使用在城镇建设领域，在艺术、教育等其他领域也都广泛使用。采取研讨会的方法时，调停人、协调人的会议整理调节作用至关重要。

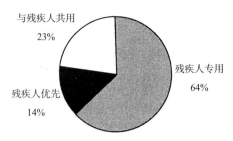

**图7.6** 对国际通用象征性标记的认知度 [11]

与残疾人共用 23%
残疾人优先 14%
残疾人专用 64%

任何人都可以自由使用
备有尿布更换设施

**图7.7** 共同使用标志

③实物模型：无障碍设计除了按照条例和规定等有关标准进行以外，制作实物样板让残疾人等实际体验，以确认设计内容的稳妥性也很重要（图 7.8）。国际残疾人交流中心（充满爱）实际就是实物模型，可以证明当事者的积极参与和体验有多么重要（图 7.9）。

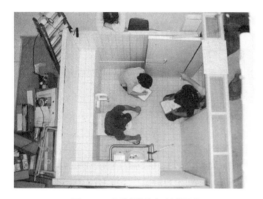

图 7.8　实物模型（充满爱）

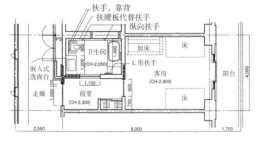

图 7.9　充满爱中的客房 [12]

④市容观察：是指了解城镇的观察和检查工作（图 7.10）。与研讨会的形式相比，提案性弱一些，但实施起来比较简单，也有"百闻不如一见"的实践效果。例如：可以采取小学校的授课方式等，让多数人以轻松娱乐的心情参加。这是各地经常采用的方法。

⑤模拟体验：身上携带模拟体验装置时，可以体验 80 岁左右老年人的身体状况（图 7.11）。可以模拟老年人、轮椅使用者、视力障碍者，一边临时性地体验各种不便之处，一边检查城镇和建筑物的设施情况。有时把模拟体验当作研讨会或市容观察的一环。虽然是临时性的体验，但至少也能站在他人的立场观察和体验各种设施，可谓是珍贵的体验方法。不过一定要记住，这只不过是一时的、临时性的体验而已。

图 7.10　市容观察（热海市）

图 7.11　模拟体验装置（熊本县上益城郡）

## 7.4 生活舒适度

### a. 舒适度的环境规划

自从原环境厅在其环境白皮书中使用"舒适度"一词以后，经常使用在舒适环境、环境的舒适性、居住舒适性等表述上。它是表示舒适性环境、舒适性质量和事物的概念。舒适性与安全性被视为并存。在不同的国家和不同的时代，其具体含义有所不同，但是都将把它视为"舒适的居住环境"或者"居住心情快乐"的复合因素的总称。自19世纪后半叶的产业革命以后，舒适性列入英国的城市规划。在英国的民用设施行动（civilamenitiesact）中，把舒适性定义为正确的地方中的正确的事情（therightthingintherightplace）。舒适性是环境卫生、舒适性与优美生活环境和保护三种含义的复合概念，是英国城市规划的基本思想。

在老年人生活环境规划中，如何评价舒适性，如何反映到具体的规划内容，显得非常重要。我们的生活和价值观虽然会变化，但是生活者所追求的舒适性的质和量，应当顺应社会和时代的发展节拍，不断进行具体化。而且要反映包括建筑在内的所有领域中的各种提案和研究成果。

以城市全体为对象的环境规划，自然要把城市的舒适性放在第一位。城市的舒适性是指，居住、工作、消费、交通等与每日生活息息相关的环境的舒适性和润滑程度。城市的设施是承载衣食住行的基本盘，而城市的舒适性与城市设施和身边的各种生活环境关系密切。有时还包括邻里之间的交流，垃圾处理等的生活细节。

环境规划不局限于针对老年人，还针对现代社会生活的每一个人。需要引入绿色和水等自然元素具体治理环境，要求营造与动物共存、艺术性、五官皆享受的舒适环境。

### b. 绿色环境

自然环境的丰富程度通常以树木和花草的质量与数量来衡量。人类的生活环境原本为丰富的

绿色所包围，随着城市环境的变化，绿色不断遭受侵蚀，其舒适性影响也被弱化，这是不争的事实。再者，考虑到以老年人为主，对绿色的作用和效果非常看重。在城市环境规划中，多以公园、自然绿地的治理为主，试图以公共空间的绿色提高舒适度。还有在众多生活设施中引入绿色建筑规划案例（图7.12）。

为使身体上、精神上有障碍的人群恢复行为能力和社会适应能力，引进的绿色被称为园艺疗法。园艺疗法不仅有治疗效果，还可以保障孩子、老年人等弱势群体的社会权利，提高他们的生活质量，更是基于标准化思想，谋求所有人快乐生活的一种环境建设。安逸的园艺艺术非常贴近我们的生活，受到多数市民的欢迎，因为制造康复庭院可以让他们体验植物疗法，促进对园艺疗法的了解和普及（图7.13）。

在老年人、残疾人的服务设施中经常可以看到这种绿色治疗环境。在住宅领域，也盛行通过把绿色引进生活的方方面面来改善环境。

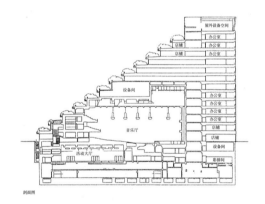

**图7.12** 引入绿色的建筑规划（福冈鼎）[13]

**图7.13** 康复庭院（丹麦）

## c. 与动物共存

自古以来，人类与动物共同生活。动物不仅是劳动工具，而且是生活的重要伙伴。包括老年人、小孩子在内，狗、猫、小鸟、鱼等生物在人们的心中占据重要的位置，可以真实体验生命的重要性。生物疗法指的就是动物给予人的治疗作用。正式的名称叫AAT（Animal Assisted Therapy）。虽然不能使用语言与动物交流，但因与动物在一起，可以缓解情绪，达到治疗效果。多数集合式住宅一般不允许饲养动物，考虑到生物的治疗作用，在老年人、残疾人生活的住宅或设施中开始引入生物。环境规划时要考虑鸟叫声、生物的排泄物、邻居的安全等诸多具体问题。有时，没有特定老年人或残疾人的普通集合式住宅也作为获取安逸的途径而被采用。

与宠物狗一起生活，可以活跃邻居、居民之间的交流，对高龄社会的生活方式将会带来便利（图7.14、图7.15）。[14]

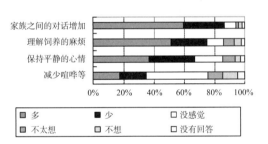

**图 7.14** 家族之间宠物犬的作用[14]

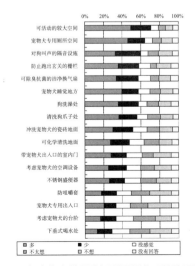

**图 7.15** 与宠物犬共同生活所需居住环境治理[14]

## d. 艺术与康复因素

所谓艺术康复，包括美术、音乐、肢体动作（身体表现）等，有许多类型，类型中又划分若干个领域。服务对象有老年人、残疾人、小孩，治疗类型有接受康复治疗的、接受放松治疗的，各不相同。

近代建筑规划与古代、中世纪建筑相比，排挤绘画、雕刻等艺术的现象较多。注重宗教和心理的建筑仍然采用艺术，力求扩大其影响力。对老年人、残疾人等人群，音乐的疗效作用很明显，有必要重新认识这个问题。引入艺术，可以是为了欣赏，也可以是亲自体验制作过程，目的就是增加艺术的存在意义和实际感受（图7.16）。

在老年人的设施和住宅中，通常都布置与过去生活有关的物品，虽然这些物品称不上是纯粹的艺术品（图7.17），但这些物品记载了生活者的生活历史和内心世界，是回忆家族生活和缅怀亲人的重要佐证。

## e. 五感活用

音乐疗法已经进入我们的日常生活。为认知障碍者服务的音乐活动也很盛行。音乐可以使人在欣赏声音的同时表现自己，是相互交流的一种手段。音乐作为治愈心灵创伤的手段，很早就开始广泛应用于生活的各个方面。最近出台的音乐疗法师认定

**图 7.16** 老年人设施里的艺术

图 7.17　过去生活的物品

图 7.18　多感官体验室

标准和方法在关心音乐和福利事业的人群中引起很大反响，围绕音乐疗法的方向性和方法论以及可行的实施方案等问题展开广泛讨论和思考。如同空气和水，平常并没有引人注意的阳光，也有平定心情和稳定精神的作用，阳光疗法于是应运而生。在照明设计领域，最先探索如何利用自然光治疗人的心情。对光源和材料以及可利用自然光的环境，很有必要重新考虑采光设计。

多感官体验室是充分利用感官的代表性、专业性案例。在这里可以体验光的视觉刺激、音乐的听觉刺激、香味的嗅觉刺激、振动和水滴声的触觉刺激等，尽享自己想得到的刺激（图 7.18）。在欧洲，除了专门的设施和中心以外，在集团公共房屋中也设置多感官体验室，谁都可以任意体验和享受。为老年人以及多数人提供安逸休闲的场所，为痴呆症患者和精神障碍者提供趣味无穷的空间。

## 7.5　移动性

如今是汽车高度普及的社会，无论在城市还是在农村，步行或者使用自行车，都无法提供满意的服务。迅速进入高龄化的人口稀疏地区，期待电车、汽车等公共交通的改善，而现状却不尽人意。

近年来，出租车行业采取以老年人为目标群的各种措施，为福利产业做出重要贡献。例如，启用轮椅用出租车，专门承担把居家老年人、残疾人送到设施、医院的服务工作。

最近引入通用出租的概念，一改之前福利出租的单一功能，与普通出租车同样对待，旨在轮椅使用者以外的其他人也可以方便利用。

此外，为了缓解城市交通体系中的对汽车的过于依赖，降低环境污染和减少交通事故，考虑重新启用 LRT 等无轨电车的热度也在升温。

针对城市环境中的移动性，建筑设计也应该考虑兼顾老年人的移动装置。

### a. 楼梯升降机

是专门为住宅中上下楼梯不便的老年人使用的移动装置。需要注意的问题是，导轨对日常楼梯宽度的限制、上下的便利性、移动过程中的安全性（图 7.19）。

### b. 高差消除机

在玄关等处，设置坡道空间不足时，可以利用高差消除机（图 7.20）。机器的表面装饰要与周围协调，放在一边不用时，不会感觉其存在。操作和安全方面需要进一步采取措施。

### c. 电梯

对轮椅使用者，楼梯和自动扶梯不便使用，最有效的移动装置就是电梯。轿厢的空间大小基本上应满足轮椅回转所需直径 1500mm 的圆形。

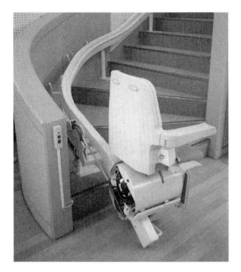

图 7.19　楼梯升降机

图 7.20　高差消除机

图 7.21　电梯

图 7.22　与电梯就近设置的坡道和楼梯

当轿厢的空间大小不满足要求时，可以采取设置引导轮椅后退镜子、前后双门电梯等。电梯间的宽度应满足轮椅的通行，要注意入户门的开闭时间和安全装置。

采取透明型电梯，可以及时发现和处理轿厢内的跌倒事故。电梯开关应设在容易看到和操作的位置，轿厢内外也可设置椅子，防止老年人的跌倒并作为老年人的休息空间（图 7.21）。

在公共设施，电梯间的布置要适当，指示标志做到简单易懂。要考虑不同利用者的生理特性，设置声音和触摸指引等，细致做好各楼层的指引。

设置电梯的同时，就近设置楼梯、坡道、自动扶梯等垂直移动装置，方便使用者选择（图 7.22）。

#### d. 自动扶梯

由于自动扶梯运行速度快、运输能力高，多数公共空间都采用。不过，扶梯宽度要适当，要考虑持有东西的情况和后面的人超越站立者的情况。移动扶手的速度和高度，扶梯口的固定扶手位置和形状，都要做到细心设置，防止发生夹住或者跌倒事故。也有把台阶放平，为轮椅使用者服务的装置，从操作性和使用者的心理角度看，还是电梯的无障碍设施略胜一筹。

#### e. 水平移动装置

在车站和机场等地方，需要长距离水平移动或者伴有稍微起伏的移动时，采用此类装置。装置的宽度选择和自动扶梯类似，要考虑行走的人和站立者的并列情况。进出口的设置，要防止老年人的跌倒。行进速度要适当，选择防滑和防挂地面材料。地面坡度要考虑长时间站立困难的老年人（图 7.23）。

### f. 升降机

顶棚吊挂式升降机（图 7.24）和入浴升降机可以帮助轮椅使用者完成所需的行为动作。各个房间的布置和动线的合理性自然是建筑规划必须完成的内容。布置升降机所需结构条件也要一并考虑。

**图 7.23** 水平移动装置

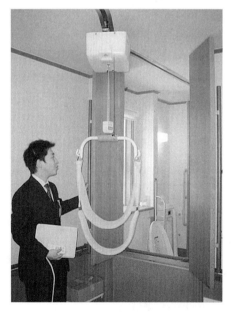

**图 7.24** 吊挂式升降机

## 7.6　视觉环境规划

### a. 视觉功能的低下

随年龄发生的视觉变化因人而异，大体上 40 岁后期开始有变化苗头，之后一直持续，通常本人意识不到。眼睛的变化具体表现为，水晶体发生混浊，散光增加，刺眼，黄颜色分辨能力下降，聚光调节能力下降，瞳孔的明暗适应速度减缓，辨别物品的视力衰落等（图 7.25）。

针对视力功能下降的基本措施就是保证亮度。亮度至少保证到在生活和行为中可以看清物品轮廓大小。还要提高视觉环境的质量，防止发生刺眼现象。

### b. 视觉的黄体变化

老年人的视力下降表现为，衰老引起白内障，致使水晶体变黄变浑浊，导致光线通过率下降。结果光线较暗时看不见东西，颜色的识别能力降低，容易产生色盲现象。在日常生活中所看到的物品都带有黄色色彩。

表 7.5 表示发生黄体变化时的对颜色的错误

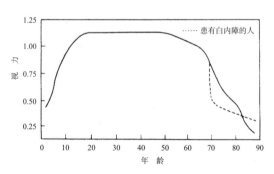

**图 7.25** 视觉功能的下降 [15]

| 黄体变化导致的颜色误判 | 表 7.5 |
| --- | --- |
| 不能分辨白色和黄色 | |
| 在白底子上涂黄色时，白底子变黄色，不能分辨底子和图案 | |
| 很难分辨黑色底子中的蓝色文字 | |
| 把蓝色当作黑暗色彩，把明亮的蓝色当作阴天的乌云 | |
| 把褐色系列颜色视为紫色 | |
| 把明亮的灰色误认为暖色，与粉红色混淆 | |
| 灰色和紫色看起来变黑 | |
| 把绿色当作暗绿色，分不清是什么颜色 | |
| 容易分辨朱红色和红色 | |

判断。进行规划时要注意颜色的合理搭配，保证足够的亮度。

### c. 照明规划要点

在进行建筑规划时，采光规划必须满足老年人的视觉特点（图7.26，表7.6）。

①安全性：考虑视觉功能下降时，必须一并考虑反射力、体力不支等身体的其他特征。采取不均匀的亮度布置方式时，由于过度相信能力，容易发生事故。采取合理的设计和选择适当的材料，做到白天充分利用自然光，夜间提供充足的照明，始终把安全放在第一位。

②舒适性：人类的生活表现方式是，活动时需要亮度，休息时需要相对安静和黑暗。光环境对人的影响非常大，积极利用自然光，容易形成好的气氛，使人提起精神，心理上得到安心和安定。

③尊重居住者的意愿：规划必须以做好各种控制和调节功能，尽量满足居住者的愿望为原则。面对高龄化社会，无需特别的环境治理，要经常关注视觉和身体功能的变化，努力提高视觉环境的质量，满足居住者的习惯和感性，使居住者从内心感到舒适。

④居住环境的整体照明规划：照明规划不仅满足住宅内部，对住宅周边也要进行充实的照明设计，以满足地域的防范和避难要求。

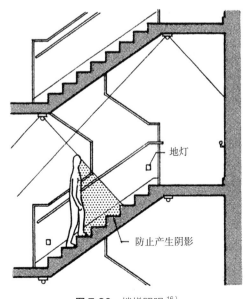

**图 7.26** 楼梯照明 [16]

地灯

防止产生阴影

| 房间、空间部位 | 规划要点 |
|---|---|
| 卧室 | 使用床时，设置地灯，防止灯光直射眼睛<br>照明开关设在靠近床边处，便于就寝（遥控开关等） |
| 走廊、楼梯 | 要满足夜间行走安全（设置感应式开关等）<br>夜间辅助照明要避免刺眼，选择适当的亮度 |
| 玄关 | 玄关的设置，做到可看见客人和家人的脸部<br>出入换鞋时，避免产生阴影 |
| 起居室 | 根据客厅布置，选择和调整照明<br>明亮的自然光对老年人的身体健康有益处 |
| 厕所 | 亮度可以降低一半或者使用延迟开关 |
| 浴室 | 要保持通亮<br>在镜子面前洗浴时，要保证看清脸部和身体的亮度<br>浴室的墙面和顶棚，选择明亮的色彩 |
| 洗涤、更衣间 | 冲洗眼睛和化妆时，清晰看见脸部<br>选择演色性高的灯，便于身体健康自查 |
| 厨房 | 要保持通亮，保证用手区域的亮度<br>在炉灶附近设置点射灯，看清锅里状态 |
| 餐厅 | 选择演色性高的灯，使饭菜看起来美味<br>对油烟和蒸汽污染，采取适当的措施<br>选择灯管和开关，便于更换和操作 |
| 台阶、落差 | 选择脚下不产生阴影的照明器具 |
| 门、接近部位 | 照明选择满足安全性和防范要求<br>考虑选择即防范又能节能的感应式灯光<br>根据使用频率的高低，选择自动关闭开关等<br>考虑欣赏夜间景观时，可选择投光照明装置 |

表 7.6 住宅各房间的照明与采光规划

### d. 采光规划的要点

设置通长窗户和天井，对自然采光最有效。要综合考虑窗户大小和采光量以及采光均匀性。在进行采光规划时，不仅要满足法定采光面积，对于老年人的居住环境，在考虑设置阳光房、露台，保证自然采光的同时，还提供户外休闲的空间。设置内庭院，布置自然树木和花草、水景时，采光空间更有魅力，自然观赏更加丰富（图7.27）。

采光规划要注意不同季节的室外空气条件变化。玻璃、遮帘、窗帘选择要考虑适当的形式和调节装置。自然采光的室内空间色彩要充分把握老年人的心理性影响。

**图 7.27** 采光规划的表现形式

#### e. 颜色、标记规划要点

老年人由于水晶体的黄体浑浊，常伴有白内障。为此，在把握老年人对色彩分辨状况的基础上，重点关注其舒适性和视认性。设置标记的目的是让任何人都容易识别，因此在底色和图色之间保持一定的亮度差别，做到图形容易看懂，也要注意照明和采光方向。使用复杂的色彩，反而容易造成混乱。在同一底子上排列多种颜色时，各颜色之间要保持三个以上明度差。表示警示的颜色，最好选择红色，因为老年人的水晶体被黄色体浑浊以后，对红色的分辨能力没有减退。只要保持一定的明度差，选择绿色也很有效。

对色温度、演色性等光的质量方面也要引起重视。对用具、器具的选择要反复研讨，进行潇洒的色彩规划。

为了完成易懂的标记设计，尽量选择易读的文字，采用的图形简单、有明度差，选择视认性高的颜色，设置在容易发现的位置。通常黑体字比明朝体[①] 容易读懂。此外，尽量避免采用刺眼的材料，照明位置要合适。随着年龄的增加，人的视野随之变窄，因此要仔细研究标记的设置。

## 7.7 可交流社区

#### a. 城市化与家族交流变化

从 20 世纪开始，人类社会从农村社会向工业社会转变，城市化在世界各地飞速发展。在农村，三代同堂的情形并不稀奇，多以大家族的生活方式为主体。而在城市，以夫妇、夫妇与未婚子女、单亲与未婚子女等组成的核心家庭持续增加。这种状况近年来呈现减少的趋势，作为替代，单身的比例在增加。核心家族和单身群体的增加不仅是城市居住的特征，在年轻人日趋减少的农村也是如此，现已经发展成为社会问题。随着居住方式和工作方式的改变，家族内部的相互交流和地域近邻之间的交流也发生了变化。在老龄化进程不断加快的今天，今后的地域社区走向何方，的确是个大问题。

#### b. 地域社区与地域福祉

地域福祉规划旨在通过地域社区，保持与地域人群之间的联系，建立有关同一地域生活人群的利害关系和行动一致性的生活关系体系，站在当事者（利用者、生活者）的立场思考地域，无论家族是否共同生活或者有何障碍，都能够与地域人群相互交流和延续居住。

对于老年人，之前的做法都是采取收容型设施为主的福利规划。近年来，出现了"不要在设施中接受机构管理的关怀，要生活在地域中接受关怀"的观点。该观点认为，通过激活地域实现标准化理念，运用共用概念整合和扩大残疾人、老年人、医疗等福利事业。20 世纪 70 年代，日本的福利政策发生了很大变化，也得益于这种观点。

#### c. 可交流社区规划

分析和思考地域社区，不能只顾眼前的目标和问题，要关注横向的联系，探讨既有社区在地域中的作用，要激活既有社区，不要一味地坚持以前的观点和方法，以崭新的意识投入地域建设之中。现代社会是多元化社会，社区的形成不会一帆风顺，要根据地域的特点和状况，采取相适应的策略和措施。

在勾画地域可交流社区的环境规划中，比较常见的做法是，在公共绿地、广场附近、集会场所等处营造社区交流空间，供地域开展共同活动。这种社区交流空间建设不要采取行政机构单方面提供规划的方法，而是要采取鼓励居民广泛参与和踊跃提出创意的规划之路。设施的建设和运营

---

① 是一种对日文字体的叫法，其广义是日本、韩国等对宋体字的叫法，狭义仅指一种日文电脑字体。——译者注

应该得到长期居住在地域生活的老年人发自内心的关心和关注。地域可交流社区建设不仅需要硬件方面的治理，还需要得到地域城镇建设协议会和居民的地域安全日常巡逻、清洁卫生、声援集会活动等的支持。

地域社区环境规划，包括住宅区生活的家族、周围区域的居民、来访地域的客人等许多交流事项。环境规划应当包括从住宅到公共空间治理的各种交流。

在住宅内部的家族、集合式住宅中的居民之间的交流空间，出现了新的形式。就是可进行共同聚餐的集中房屋或者会所（图7.28）等的交流方式。也有在地域的公共设施和商业设施中设置地域居民交流空间的案例。

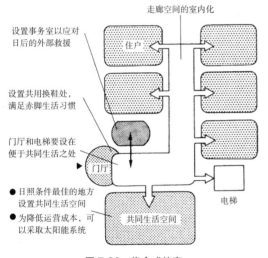

走廊空间的室内化

设置事务室以应对日后的外部救援

住户

设置共用换鞋处，满足赤脚生活习惯

门厅和电梯要设在便于共同生活之处

门厅

● 日照条件最佳的地方设置共同生活空间
● 为降低运营成本，可以采取太阳能系统

共同生活空间

电梯

**图 7.28 集合式住宅**

人类既然要继续生活下去，理应多与动物、自然环境相处。动物和自然环境温暖了包括老年人在内的所有人的心，使人类得以安心地生活下去，是环境规划的重要因素。

## 参 考 文 献

1） 田中直人：福祉のまちづくりキーワード事典—ユニバーサル社会の環境デザイン，学芸出版社，2004

2） 田中直人・保志場国夫：五感を刺激する環境デザイン—デンマークのユニバーサルデザイン事例に学ぶ，彰国社，2002

3） 田中直人：福祉建築基礎講座テキストⅣ高齢者の生活環境，社団法人日本医療福祉建築協会，1999

4） 田中直人：バリアフリーから見た公共的トイレの利用実態と意識，日本建築学会近畿支部研究報告集，No.35, 449—452, 1995

5） 田中直人：福祉のまちづくりデザイン—阪神大震災からの検証，学芸出版社，1995

6） 金子仁郎・新福尚武編：老人の精神医学と心理学（講座日本の老人（1）），垣内出版，1976

7） 建設省住宅局住宅整備課監修：長寿社会対応住宅設計マニュアル，高齢者住宅財団，1995

8） 佐藤啓二：痴呆の世界，メデジットコーポレーション，2002

9） 通商産業省：昭和56年度新住宅開発プロジェクト研究開発委託事業研究成果報告書—Ⅳ. 高齢者・身体障害者ケアシステム技術の開発（第1分冊総合研究），社会福祉法人日本肢体不自由児協会，1982

10） 国土交通省監修：ハートのあるビルをつくろう，人にやさしい建築・住宅推進協議会，2003

11） 田中直人・岩田三千子：サイン環境のユニバーサルデザイン，学芸出版社，1999

12） TOTO通信別冊冬，東陶機器株式会社，2001

13） 日本建築学会編：建築と都市の緑化計画，彰国社，2002

14） 城崎恵子・田中直人：ペット犬と暮らす都市居住者の意識—都市環境における癒し要素に関する研究，日本建築学会大会学術講演梗概集，E—2，51—52, 2004

15） 日本建築学会編：高齢者のための建築環境，彰国社，1994

16） 在宅ケアとバリアフリー住宅，社団法人全国年金住宅融資法人協会，1995

17） 住宅・都市整備公団関西支社：集住体デザインの最前線—関西発，彰国社，1998

# 8

# 建筑环境工程学基础知识

由史密斯小组负责设计的飞利浦梅林环境中心位于美国马里兰州，它是美国国内最大的非营利性地域环境保护民间组织（NPO）：Chesapeak·Bay·Foundation 的总部所在地。从用地选址到建筑物的结构，设计自始至终贯穿可再生、重复利用、节能等要素，采用大量高科技环保技术。

谈及物理环境和环境设备，多数人认为那是专家应该做的事情。详细的设备设计的确需要由专家来完成。但是进行建筑设计最起码要懂得物理基本原理和设备结构。例如，窗户设计不仅仅取决于外观设计，还要考虑日照、通风等室内环境的舒适性。本章节阐述了建筑设计所需最基本的环境工程学基础知识，如果需要获取更为详细的内容，可以翻阅相关参考文献。

## 8.1 日照与日辐射

在建筑物里引入太阳光，需要考虑两个因素。其一是规划的建筑物接受日照的程度；其二是规划的建筑物对周边地域的日照影响。对于后者，建筑基准法的规定很严格。即便是在不受该规定限制的商业地域，日照仍然是一个很重要的因素，不能超越民法所能容忍的限度。对这个问题的重视程度往往不够，需要引起足够重视。

### a. 拟建建筑物的日照分析方法

1）周边建筑物的影响调查：了解周边建筑物何时在拟建用地形成阴影，可以选用与图8.1类似的日照图表。使用该图表，以拟建用地为中心，覆盖周边布置图，可以计算出周边建筑物高度与阴影交叉部分（形成阴影的部分）之间的关系。本图表中的ABCD四个建筑物的高度为25m，对标的物形成阴影的时间段为下午14时5分至15时30分。

把周边建筑物与太阳位置的立体成像进行水平投影，看得更为直观和简单。从图8.2得知：在冬至，标的物的中心点几乎没有阳光照射。

2）遮阳棚的影响：在分析外窗遮阳棚等的日照遮挡效果时，也常用水平投影图。可以看出：图8.3中的水平遮阳棚的遮挡效率，在夏至为100%，而到冬至几乎没有遮挡效果。图中的纵向遮阳棚的遮挡效率请读者各自评价。

3）日照量的季节变化：从窗户射入的太阳日照量随季节变化情况如图8.4所示。值得一提的是，在夏天，东西向太阳日照量比南向多。

4）玻璃面的日照：从玻璃射入的日照经过吸收、透过等路径，最后到达室内，详见图8.5。因此，日照遮挡必须综合考虑。原则上，窗外遮挡效果最佳。

目前，多使用以下日照遮挡方法：

①热吸收玻璃：是在玻璃中加入铁等成分的有色玻璃，可以吸收太阳辐射热。玻璃的颜色对外观设计的影响很大。

②热反射玻璃：在玻璃表面热贴热反射效率高的氧化金属薄膜，有效反射太阳辐射热。它是反射可视光线的热反射玻璃，对外观设计的影响很大。

③洛伊玻璃：使用特殊金属膜处理玻璃表面，可以降低远红外线的透过率，控制室内的热量流失。

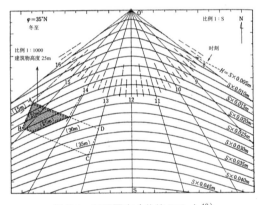

**图8.1** 日照图表（北纬35°）[10]

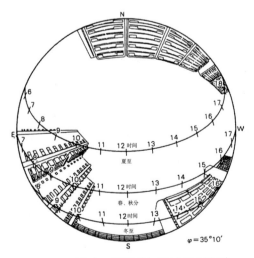

**图8.2** 利用水平投影图的日照分析案例[10]

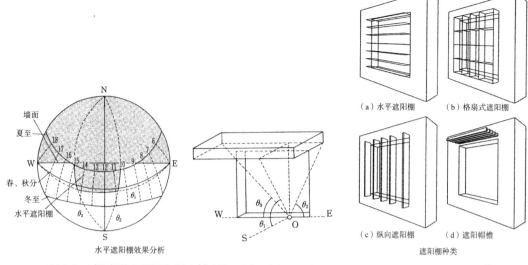

（a）水平遮阳棚　　　（b）格扇式遮阳棚

（c）纵向遮阳棚　　　（d）遮阳帽檐

遮阳棚种类

水平遮阳棚效果分析

**图 8.3**　遮阳棚的日照调节分析（《建筑课本》，编辑委员会 . 初始的建筑环境 [M]. 学艺出版社）[3]

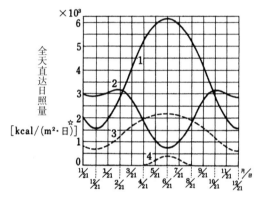

**图 8.4**　各个面直达日照量（北纬 35°）[6]
表示水平以及各个垂直面一天的直达日照量。1:水平面,2:
南面,3:东面、西面,4:北面（资料来源:日本建筑学会 . 建
筑设计资料集 2[M].1977）

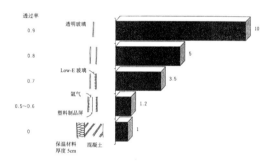

**图 8.6**　玻璃面热贯流的难易度（宿谷昌则）[4]
单块玻璃时的值设定为 10。透过率是日照透过玻璃到达室
内的比例

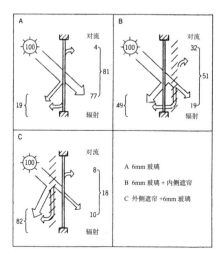

**图 8.5**　外部设置遮阳装置时的日照遮挡效果（野原文男）[4]

## b. 周边地域的日照影响分析

　　对拟建建筑物产生的阴影分析，可以使用阴影分析曲线制作的阴影图。图 8.7 是制作阴影图的图表，利用标准矩形绘制阴影曲线。对长方体的建筑物，根据其高度绘制各顶点在不同时段的阴影曲线，汇总以后就成为日影分析图。

　　不过，日影图通常作为分析某一时刻的阴影。至于阴影的持续时间，由于需要累加日影时间，其计算非常复杂。图 8.8 表示长方体建筑物在北侧产生的阴影时间图。从图中可以看出，建筑物的高度和长度对日照时间的影响很大，尤其是建筑物东西向长度较长时，对日照时间的影响更为显著。

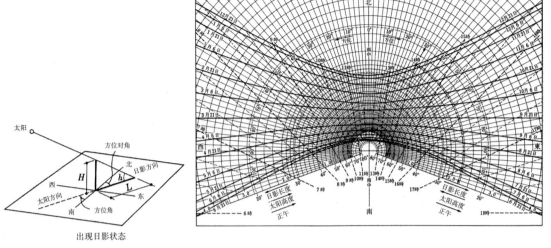

**图 8.7** 日影曲线（东京，东经 139°46′，北纬 35°41′）
（资料来源：日本建筑学会 . 建筑设计资料集 2[M].1977）

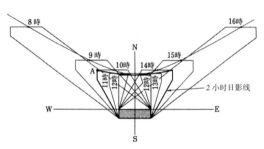

**图 8.8** 日影时间图（2 个小时的情况）[6]

A 点是从 8 点到 10 点的建筑物 2 个小时日影形成点。据此，连接各个日影形成点，可以制作 2 个小时日影影响线。该闭合粗线表示：影响线以内区域，产生 2 个小时以上日影

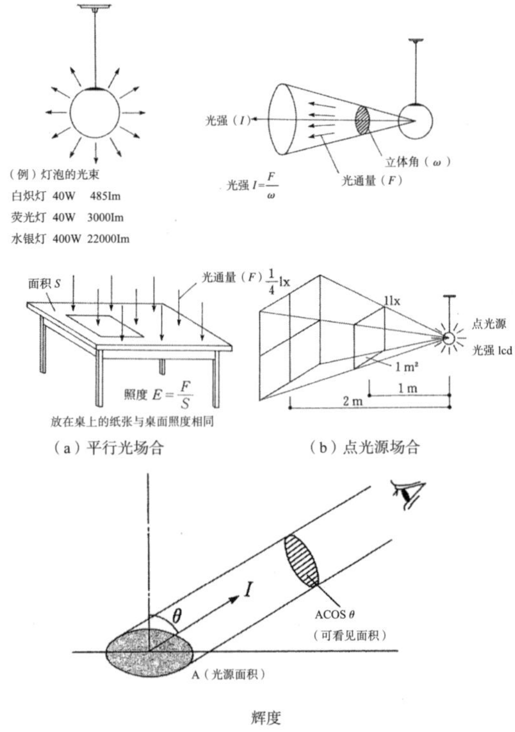

## 8.2 采光与照明

### a. 有关光的物理量

光物理量的标准值如图 8.9 和表 8.1 所示。需要注意的是，表示光源本身的亮度指标不同于被照射物体的亮度指标。

### b. 采光量计算

在法律上，对窗户采光给予非常重视。建筑基准法第 28 条规定：建筑物根据使用性质，保证相应有效的开口部面积。尤其对住宅的开口部面积标准更加严格。把开口部面积规定相对宽松的

**图 8.9** 光物理量解释图（建筑课本编辑委员会 . 最初的建筑环境 [M]. 学艺出版社）[3]

办公楼改造成住宅时，开口部的面积常常不能满足住宅要求，使其成为瓶颈的情况并不少见。

开口部的采光计算可以采取如图 8.10 所示方式。由于天井窗和侧窗对房间亮度的影响不同，建筑基准法规定：同等采光效果下的天窗采光面

| 光测量 | 符号 | 单位 | 说明 |
|---|---|---|---|
| 光强 | I | 坎德拉<br>cd | 指光源发出的光能强度。1 坎德拉等于 540×1012Hz 辐射强度在 1/683（W/sr）方向的光强。<br>I= F/ω，ω＝立体角 |
| 光通量 | F | 流明<br>lm | 指单位时间内发出的光能量。1 坎德拉均匀点光源发出的 1 sr 的光定义为 1 流明（全光通量为 4π lm）。F= I · sr |
| 照度 | E | 勒克斯<br>lx | 指单位面积所受到的光通量，表示接受光面的亮度。E= F/S |
| 光通量<br>发散度 | L | cd /m2<br>rlx | 指某一面发散光通量的面积密度。L= F/S |
| 辉度 | B | cd /m2<br>sb | 是某一方向的光源或光反射面或通过面的光强与该方向可见光源面积之比，表示明亮程度。<br>B= I/S |

1）sr 指半径 1m 的球体表面 1m² 面积所对应的球心立体角，球体的立体角为 4π sr。

2）表中的公式适用于平均扩散面。

3）S 为面积。

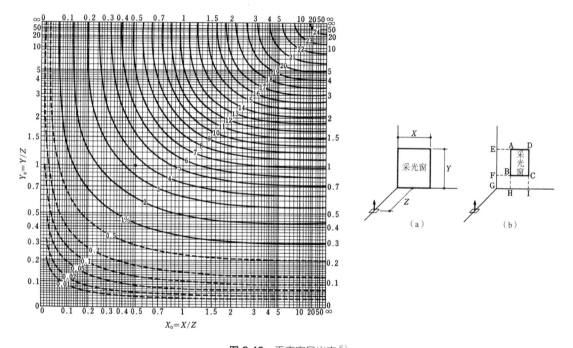

**图 8.10** 垂直窗昼光率[6]

采光窗的昼光率 $U=U_1 - U_2 - U_3 + U_4$

式中，$U_1$ 为□ EGID，$U_2$ 为□ EGHA，$U_3$ 为□ FGIC，$U_4$ 为□ FGHB（摘自：日本建筑学会编．

建筑设计资料集 2[M].1977）

积可取侧窗的 1/3。

### c. 人工照明的照度计算

桌面等水平照度，可按下式计算：

$$E = \frac{FNUM}{A} \qquad (8.1)$$

式中：

$E$：水平照度（lx）

$F$：一只光源的光通量（lm）

$N$：光源数量

$U$：照明率 =（到达作业面的光通量）/（光源

发出的光通量）

$M$：折减系数（0.8 左右）

$A$：水平面面积

照明器具的布置，要考虑太阳光的影响，做到均匀、并排、不偏。

此外，选择光源种类时，注意照明的演色性，以防分辨物体时带来影响。

# 8.3 热环境

## a. 温热环境指标

一般使用温度和湿度表示热环境，更有甚者把温热环境的 6 个因素（空气的温度、湿度、气流、辐射、人的代谢、着衣量）相互组合作为温热环境指标。

## b. 热贯流 [2)]

采暖期，室内的热损失大致上有两个路径。一个路径是通过墙壁（含窗）、顶棚、地面的热传导（$H_t$），另一个路径是通过窗和门缝等的换气（$H_v$）。

$$H = H_p - H_t - H_v \qquad (8.2)$$

式中，

$H_p$：室内产生的热量（W）

当 $H < 0$，则室温下降。当 $H = 0$，则室温稳定

$H_t$ 可以使用热贯流率来表示：

$$H_t = AK(t_i - t_o) \qquad (8.3)$$

$A$：墙体面积（$m^2$）

$K$：墙体的热贯流率（$W/m^2 \cdot K$）

$t_o$：室外温度（K）

$t_i$：室内温度（K）

从上式中可知，热损失与墙体的性质（$K$）和面积（$A$）有关。

热贯流率 $K$ 的计算公式为：

$$K = \cfrac{1}{\cfrac{1}{\alpha_i} + \sum_{k=1}^{n} \cfrac{l_k}{\lambda_k} + r_a + \cfrac{1}{\alpha_o}} \qquad (8.4)$$

$\alpha_i$：室内空气热传导率

$\alpha_o$：室外空气热传导率

$\lambda_k$：墙体材料 k 的热传导率

$l_k$：墙体材料 k 的厚度

$r_a$：中空层的热抵抗

$\lambda_k$ 值小的材料可作为保温材料。例如，玻璃棉的 $\lambda_k$ 值为 0.035 ~ 0.051W/m·K。

如图 8.11，使用墙体剖面说明上述公式中的热传导过程。

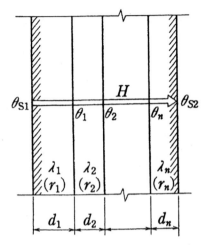

**图 8.11** 墙体的温度分布与热对流 [9)]

## c. 结露

空气中的水通常以水蒸气的形式存在，当温度下降时，水蒸气就会变成小水滴（热气或者雾状）飘浮在空气中，或者在材料表面凝结。我们把它称作结露。根据发生的位置，结露分为表面结露和内部结露。对于玻璃等不透湿性材料，通常发生表面结露。对透湿性材料，由于湿气可以渗透到材料内部，会发生内部结露（图 8.12）。

如图 8.13，求得各点的设定水蒸气压所对应的饱和温度（冰点），与设定温度作比较，可以判断所规划的墙体是否发生结露。

如果墙体内各点处求得的温度高于冰点，则不会发生结露。防止窗和墙壁结露的方法有：①控制室内湿度（控制水蒸气的发生，利用空调和排气扇除湿等）；②防止墙体表面温度的下降（采取保温等）。还有，与采暖房屋相邻的不采暖房屋容易发生结露，需要注意。必要时在室内侧设置防潮层，阻止水蒸气进入墙体，也能较好地防止墙体内部发生结露。

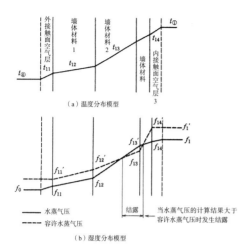

（a）温度分布模型

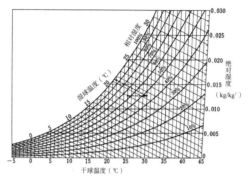

（b）湿度分布模型

—— 水蒸气压
----- 容许水蒸气压

结露　当水蒸气压的计算结果大于容许水蒸气压时发生结露

**图 8.12** 结露发生机理

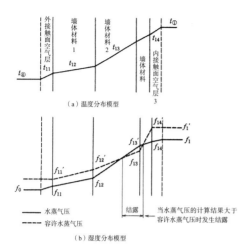

**图 8.13** 空气影响线图（摘自：日本建筑学会 . 建筑设计资料集 1：环境 [M].1977）[6]

### d. 蓄热[1]

比热 C 是指某 1 千克（kg）物质的温度上升 1℃所需的热量。热容量是指 m 千克（kg）物质的温度上升所需热量（Q=m・C）。尽管混凝土的比热（0.88）是水（4.2）的 1/5 左右，但当大量使用时，其热容量会很大。当建筑物的热容量大时，从时间上看，材料的温度变化滞后于外部气温的变动。因此，在夏季的白天，被高温包围的混凝土结构内部一直到夜里还保持闷热。

另一方面，利用材料的这种特点，可以进行蓄热。在其他时间段，使用蓄热材料蓄积热能，必要时进行放热，以达到缓解高峰时的热负荷。蓄热方法有：蓄热体蓄热、蓄热材料的显热（利用水、石头的温度差）、蓄热材料的潜热（利用冰、硫酸苏打水、盐的溶解热以及前后的潜热）、化学

蓄热等。各种蓄热可以用下列公式表示：

①对显热蓄热材料：

$$Q=C \cdot \rho \cdot V \cdot \Delta\theta[\text{J}] \qquad (8.5)$$

②对潜热蓄热材料：

$$Q=\rho \cdot V \cdot \gamma + C \cdot \rho \cdot V \cdot \Delta\theta[\text{J}] \qquad (8.6)$$

③对化学蓄热材料：

$$Q=n \cdot Q_r[\text{J}] \qquad (8.7)$$

式中，

$Q$：蓄热量 [J]

$C$：比热 [J/kg・K]

$\rho$：密度 [kg/m³]

$V$：体积 [m³]

$\Delta\theta$：温度差 [K]

$\gamma$：溶解 / 凝固时的潜热 [J/kg]

$n$：摩尔系数 [mol]

$Q_r$：反应热 [J/mol]

布置在基础的水蓄热槽，是应用最为广泛的蓄热方式。这种蓄热方式可以有效利用基础部位的剩余空间。

## 8.4　空气环境

### a. 换气与通风的区别

换气的目的是为人类和炉灶提供氧气，排除热气、臭气和污染物质，法律规定其最低换气量。而通气主要是在年中的中间期（春天和秋天），通过循环室内空气，打造舒适的室内环境。

### b. 必要的换气量

必要换气量是指为了保持室内舒适生活的空气清洁度，所进行的最低限度的空气换气量。必要换气量可按下式计算：

$$Q = \frac{K}{P_a - P_o} \qquad (8.8)$$

式中，

$Q$：换气量 [m³/h]

$K$：污染物质的发生量 [m³/h]

$P_a$：污染浓度的容许量 [m³/ m³]

$P_o$：外气的污染浓度 [m³/ m³]

由于换气量（$Q$）与房屋大小有关系，采用相对简单的换气次数作为指标。换气次数（$n$）是换气量（$Q$）与房间容积（$V$）的比值，可用下式表示1个小时内的换气次数：

$$n = \frac{Q}{V} \qquad (8.9)$$

式中，

$n$：换气次数 [ 次 / h ]

$V$：房间容积 [m³]

热气、气体、粉尘、臭气等都是需要排出的物质，一般以二氧化碳的容许浓度作为指标决定换气量。建筑基准法规定的二氧化碳的容许浓度是 0.1%（等于 1000ppm），通过计算，可以得到人均必要换气量为 $Q=20$ m³/h·人。

不过，使用空调换气时，常出现刚刚调节好的空气需要排出的情况，导致空调负荷的增加，因此需要采取一些节能的方法。

#### c. 换气方法

1）自然换气中的重力换气：空气的重量随温度发生变化，利用热气上升的原理进行换气（图 8.14）。为此需要一定的高差（H）。高层建筑也多利用洞口进行换气（图 8.15）。自然换气量可按下式计算：

$$Q = \alpha \cdot A \sqrt{\frac{2 \cdot \Delta P}{\rho}} \qquad (8.10)$$

式中，

$\alpha$：流量系数

$A$：开口部折算面积 [m²]

$\Delta P$：压力差 [N/m²]

$\rho$：空气密度 [kg/m³]

对于一个以上开口部，$\alpha \cdot A$ 取用图 8.16 所示的折算面积。

2）依靠风力换气：依靠风力的换气量可按下式计算：

$$Q = \alpha \cdot Av\sqrt{C_1 - C_2} \qquad (8.11)$$

式中，

$v$：风速 [m/s]

$C_1$：上侧风压系数

$C_2$：下侧风压系数

不过，仅在图纸上规划若干风道，并不一定

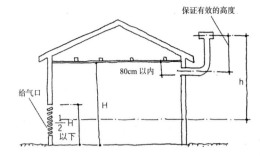

**图 8.14** 建筑基准法规定的自然换气设备（金井诚等）[4]

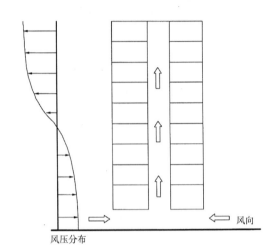

**图 8.15** 高层建筑的换气

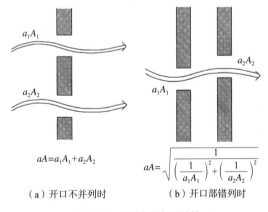

（a）开口不并列时 　　　　　（b）开口部错列时

$aA = a_1A_1 + a_2A_2$ 　　　$aA = \sqrt{\dfrac{1}{\left(\dfrac{1}{a_1A_1}\right)^2 + \left(\dfrac{1}{a_2A_2}\right)^2}}$

**图 8.16** 复数窗换气量计算

得到满意的结果。必须把握当地的主风向（图 8.17、图 8.18）。此外，规划建筑物时，还要注意高楼间风等风向变化。

3）机械换气：根据吸入侧和排气侧，划分不同种类，详见图 8.19。厨房和厕所原则上采用第三种换气方式。

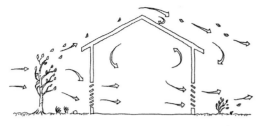

图 8.17 建筑周围的风流向（金井诚等）[4]

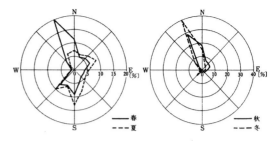

图 8.18 风向图案例[9]

第一种换气      第二种换气      第三种换气

图 8.19 不同种类的换气方法（金井诚等）[4]

## 8.5 空调设备

### a. 空调的选择方式

采暖和空调的选择方式如图 8.20 所示。原则上采用以气体或者液体为媒介的热能输送系统。近年来广泛采用无需直接吹入空气的辐射采暖空调或温水式地采暖系统。

在线圈，利用空气和水进行热交换。利用排气扇进行室内与线圈之间的空气循环。

流入线圈的水，制冷时使用冷水，制热时使用温水。

### b. 空调的运行方式

空调设备除了制冷和制热以外，还要求清洁空气。空调负荷大致分为：①吸入外气改变室内温湿度所需负荷；②消除人体和照明以及办公设备等产生的热量所需负荷；③抵抗周围墙体、窗空气贯流所需负荷三种（图 8.21）。

空调系统分集中空调（中央空调）和分体式空调，中央空调可以处理①~③的所有情况，而分体式空调处理类似于③的随时间变化较大的情况。

1）中央空调：在室内设置排气线圈一体机

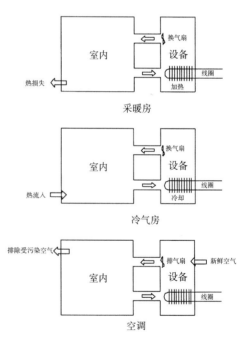

图 8.20 采暖空调房间的对流结构

（图 8.22），进行热交换，利用配管输送到中央。

2）分体式空调：通常使用密封式热泵方式，制冷时室内机输出冷气，室外机释放热气，完成室内热量的交换。制热时，运行机理正好相反。内部发育完整（interior zoon）时，以处理照明、办公设备、人的热量为主；外部发育完整（perimeter zoon）时，以处理外空气和日照的热量为主。

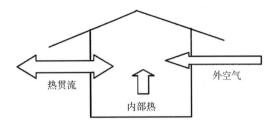

图 8.21 空气负荷种类

图 8.22 排气与线圈一体机

## c. 空调设备间的规划

设备间大体上分为空调设备间、卫生设备间、电气设备间三种类型。各设备间的面积根据建筑物的规模和用途确定，如图 8.23。通常空调设备间所需要的面积比其他设备间要大，在规划中占据更重要的位置。空调设备间的面积大，是由于进行制冷与制热的冷冻机和锅炉都属于大型设备以及需要设置集中空调设备。

由于空调设备属于大型设备，因此通常把空调间设在地下，把冷却塔放置在屋顶。表 2 是在地下和屋顶设置空调设备的优缺点。空调间的布置原则上由建筑物用途和规模决定。考虑到热源装置的不同种类和各种组合方法，设计时需要充

分的研究和讨论。对于超高层建筑，也有在楼层中间设置设备间的案例（图 8.24）。

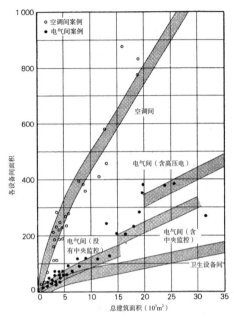

图 8.23 总建筑面积与各设备间面积（办公建筑）[8]

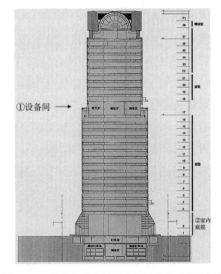

图 8.24 设备间设在楼层中间的案例（耳饰塔）

| 主设备间位置比较 | | | 表 8.2 |
|---|---|---|---|
| | 地下设备间 | 顶层设备间 | 设在别处的能源中心 |
| 优点 | 结构问题少<br>隔声、防震简单 | 通风简单（全外气运行也容易）<br>冷却管线和烟囱较短 | 兼备地下和<br>顶层的优点 |
| 缺点 | 竣工后的搬运设备困难<br>地下室层高较高，建筑成本增加<br>通风管道设置受制约 | 结构的负担重<br>有发生噪声和振动的可能 | 建筑规划困难 |

空调设备间的规划要根据主要设备的尺寸大小、维护管理、拆解维修,决定顶棚高度、地面荷载、安装路径等。由于设备发生故障频率远高于建筑物本身,寿命也较短,要求规划考虑好可维修空间和需要替换时的安装路径。

## 8.6　声音环境

### a. 音量及其单位
声压:声波引起的气压的变动量 [$P_a$]

声压级:SPL=$20\log_{10}$($P/P_0$)

(式中的 $P_0$ 为 $2 \times 10^{-4}\mu$bar 之声音)

音强:在单位时间内通过单位面积的声音能量

音强级:IL=SPL

噪声级:使用 JIS 噪声计测定的噪声大小

声音大小级:声波感觉度异常时的修正级

### b. 声音的特征
与光不同,声音会折射到障碍物的另一侧,有时会传到意想不到的地方(参照 3.2.1)。

建筑物目前都重视通风,经常设置通风道。但是,如果对声音的特征没有引起足够重视,则声音会通过集合式住宅和办公楼的通风道传进来,产生邻居的吵闹声、交通杂音等噪声伤害。

### c. 隔声
声音传到墙面时,通过反射、吸收、穿过等方式,传到其他地方(图 8.25)。所以,防止从其他房间传来的声音,首先要降低声音的穿透。可以采取:①密闭墙体缝隙;②采用厚重墙体;③采用柔和地面等方法。声音在墙面的穿透损失可用以下穿透率表示:

$$\iota = \frac{I_t}{I_i} \qquad (8.12)$$

式中,

$I_t$:穿透音的能量

$I_i$:投射音的能量

必须注意声音会透过墙体,传到其他地方形成伤害。尤其是集合式住宅走廊的走步声等高冲击音会传播到很远处。

选择材料时,可以参照 NC 值(图 8.26)。

NC 值越大,其隔音效果越好。但是,即便材料的隔声效果多么优秀,也不能轻视设计和施工方面的各种举措。

### d. 回响时间
是指具有一定强度的声音急速停止时,室内的声音强度级下降到 60 分贝(db)时的所需时间。根据房间容积和使用目的提出的回响时间确

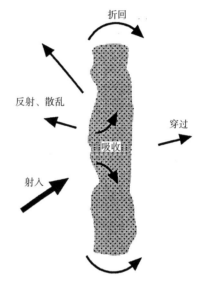

**图 8.25**　外部声音的去向 [10]

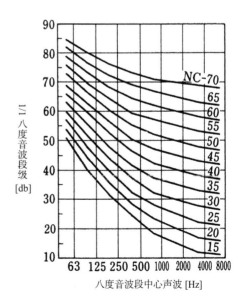

**图 8.26**　NC 曲线 [6]

(摘自:日本建筑学会.建筑设计资料集 1:环境 [M].1978)

定方法与其他若干方法相比，更为适合采用（参照图3.30）。回响时间原则上与房间容积成正比，与吸引能力成反比。

## 8.7 给水排水、卫生洁具

### a. 上水
把水抽到高位水箱，利用重力水管供水是以前常用的给水方法。目前多采用取消高位水箱，利用水管加压直接供水的方法（图8.27）。

### b. 中水①
所谓中水是指储存雨水作为冲洗厕所或洒水用的水。中水利用是一种节能措施，设备规划时注意不要与上水混淆。

### c. 下水
下水的种类如表8.3所示。各种下水的排水方法如表8.4所示。雨水可以直接排入河中。污水和杂排水，在末端有处理设施的市政管道区域可以排入市政管道（合排或者分排A），在尚未具备处理设施的区域，需要设置净化槽（分排方式B、C）。

排水设备是处理下水的设施，排水设施规划，其目的是下水处理行之有效并且符合卫生要求（图8.28）。

多层带地下室建筑物的排水方式有重力式和机械式，如图8.29所示。采用重力式的排水设备，一般与下水道保持一定的高差，利用重力进行自然排水。重力式排水的水平走管（图示的水平主管和支管）尽量缩短距离，做好与管径相适应的坡度。要设置适当的通气管，否则有可能发生排水回流或冒顶。地下室等不能重力排水的情况，则采用机械式排水。机械式排水是使用水泵强制排水的方式。机械式排水需要消费能源和维护管理，不太适合住宅等小型建筑物使用。

排水设施中应设置回水弯管，回水弯管内的水保持满水状态，防止有害气体、恶臭、虫子等通过排水管进入室内。如果满水状态发生蒸发或

① 与中国的中水概念不同，在国内，中水不仅仅是指雨水——译者注

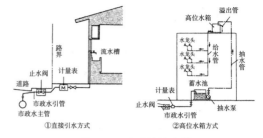

**图8.27** 上水管构造[6]

下水类型[6]　　　　　　　　表8.3

| 类型 | 内容 |
| --- | --- |
| 污水 | 从大小便器和冲洗赃物中排出的水 |
| 杂排水 | 除污水以外的洗面器、冲洗、浴池等中排出的水 |
| 雨水 | 来自屋顶和用地的雨排水 |
| 特殊排水 | 含有毒、有害、有放射性物质的水 |

\* 不能直接排入一般的排水系统。

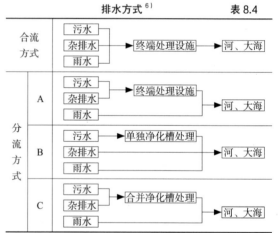

排水方式[6]　　　　　　　　表8.4

注）利用化粪池处理污水的方式叫作单独净化槽处理，合并处理污水和杂排水叫作合并净化槽处理。

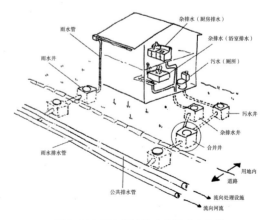

**图8.28** 下水道结构（大塚雅之）[4]

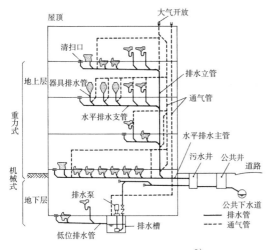

图 8.29　排水的排除方式[6]

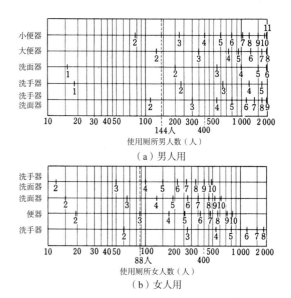

图 8.30　便器、洗面器、洗手器数量[6]
设定员工男女比例 3:2，增加客人，男 20%，女 10%。
出现小数点加 1。（摘自:日本建筑学会.建筑设计资料集 3:
单位空间 I [M].1980）

者被自行虹吸作用吸空，回水弯管的作用即可失
效。因此需要设置如图 8.29 的通气管。

### d. 卫生器具数量计算

厕所卫生器具的计算，要区别对待不同建筑
物的需求。也就是说，类似办公楼经常使用的场合，
可以运用"等待排队理论"确定。

平均同时使用数 = 到达率 × 使用时间（8.13）

另外，剧场中间休息时间集中使用等，考虑
在一定时间内需要面对集中使用的情况，卫生器
具的数量要相应增加。总之，从以往的经验看，
女子用器具偏少，设置时需要注意（图 8.30）。

### e. 集中布置与分散布置

根据不同需求，卫生器具可以选择集中布置
或者分散布置。分散布置时，需要根据设定使用
人数计算器具数量。采取全体使用人数确定器具
数量再分配到各个厕所，往往发生使用率不均的
情况，需要引起足够重视（表 8.5）。

卫生器具数量计算（集中布置情况）[5]　　　　　　　　　　　　　　　　表 8.5

| 设施名称 | 人员密度（男女分别） | 性别 | 卫生器具种类 | 使用频率 * | 使用时间（sec） | 服务等级（最长等待时间，sec） | | |
|---|---|---|---|---|---|---|---|---|
| | | | | | | 等级 1 | 等级 2 | 等级 3 |
| 剧场、电影院等 | 坐席数 × 0.5 | 男 | 大 | 0.05 | 250 | 120 | 250 | 400 |
| | | | 小 | 0.3 | 30 | 15 | 30 | 60 |
| | | | 洗 | 0.3 | 15 | 8 | 15 | 30 |
| | 坐席数 × 0.7 | 女 | 便 | 0.3 | 75 | 40 | 75 | 150 |
| | | | 洗 | 0.3 | 20 | 10 | 20 | 40 |
| 学校 | 男性定员 | 男 | 大 | 0.02 | 180 | 30 | 60 | 90 |
| | | | 小 | 0.3 | 30 | 15 | 30 | 60 |
| | | | 洗 | 0.3 | 10 | 5 | 10 | 20 |
| | 女性定员 | 女 | 便 | 0.25 | 60 | 30 | 60 | 90 |
| | | | 洗 | 0.25 | 20 | 10 | 20 | 40 |

*（休息时间的使用人数）÷（男女各自坐席数或者学生数）

## 参考文献

1） （財）日本建築設備・昇降機センター：建築
設備検査資格者講習テキスト（下巻）平成
14年度版，2002

2） 同（上巻）1998

3） 〈建築のテキスト〉編集委員会編：初めての
建築環境，学芸出版社，1997

4） 「建築の設備」入門編集委員会編：「建築の設
備」入門，彰国社，2002

5） 岡田光正，柏原士郎，横田隆司：パソコンに
よる建築計画，朝倉書店，1988

6） 柏原士郎監修：建築計画，実教出版，1995

7） 新建築学大系編集委員会編：新建築学体系
34—事務所・複合建築の設計，彰国社，1982

8） 日本建築学会編：建築設計資料集成5「単位
空間Ⅲ」，丸善，1982

9） 板本守正ほか：環境工学（四訂版），朝倉書店，
2002

10） 松浦邦男・高橋大弍：エース建築環境工学Ⅰ—
日照・光・音—，朝倉書店，2001

## 相关图书介绍

- 《国外建筑设计案例精选——生态房屋设计》（中英德文对照）
  [德] 芭芭拉·林茨 著
  ISBN 978-7-112-16828-6（25606）32 开 85 元
- 《国外建筑设计案例精选——色彩设计》（中英德文对照）
  [德] 芭芭拉·林茨 著
  ISBN 978-7-112-16827-9（25607）32 开 85 元
- 《国外建筑设计案例精选——水与建筑设计》（中英德文对照）
  [德] 约阿希姆·菲舍尔 著
  ISBN 978-7-112-16826-2（25608）32 开 85 元
- 《国外建筑设计案例精选——玻璃的妙用》（中英德文对照）
  [德] 芭芭拉·林茨 著
  ISBN 978-7-112-16825-5（25609）32 开 85 元
- 《低碳绿色建筑：从政策到经济成本效益分析》
  叶祖达 著
  ISBN 978-7-112-14644-4（22708）16 开 168 元
- 《中国绿色建筑技术经济成本效益分析》
  叶祖达 李宏军 宋凌 著
  ISBN 978-7-112-15200-1（23296）32 开 25 元
- 《第十一届中国城市住宅研讨会论文集——绿色·低碳：新型城镇化下的可持续人居环境建设》
  邹经宇 李秉仁 等 编著
  ISBN 978-7-112-18253-4（27509）16 开 200 元
- 《国际工业产品生态设计 100 例》
  [意] 西尔维娅·巴尔贝罗 布鲁内拉·科佐 著
  ISBN 978-7-112-13645-2（21400）16 开 198 元
- 《中国绿色生态城区规划建设：碳排放评估方法、数据、评价指南》
  叶祖达 王静懿 著
  ISBN 978-7-112-17901-5（27168）32 开 58 元
- 《第十二届全国建筑物理学术会议 绿色、低碳、宜居》
  中国建筑学会建筑物理分会 等 编

- ISBN 978-7-112-19935-8（29403）16 开 120 元
- 《国际城市规划读本 1》
  《国际城市规划》编辑部 编
  ISBN 978-7-112-16698-5（25507）16 开 115 元
- 《国际城市规划读本 2》
  《国际城市规划》编辑部 编
  ISBN 978-7-112-16816-3（25591）16 开 100 元
- 《城市感知 城市场所中隐藏的维度》
  韩西丽 [瑞典] 彼得·斯约斯特洛姆 著
  ISBN 978-7-112-18365-4（27619）20 开 125 元
- 《理性应对城市空间增长——基于区位理论的城市空间扩展模拟研究》
  石坚 著
  ISBN 978-7-112-16815-6（25593）16 开 46 元
- 《完美家装必修的 68 堂课》
  汤留泉 等 编著
  ISBN 978-7-112-15042-7（23177）32 开 30 元
- 《装修行业解密手册》
  汤留泉 著
  ISBN 978-7-112-18403-3（27660）16 开 49 元
- 《家装材料选购与施工指南系列——铺装与胶凝材料》
  胡爱萍 编著
  ISBN 978-7-112-16814-9（25611）32 开 30 元
- 《家装材料选购与施工指南系列——基础与水电材料》
  王红英 编著
  ISBN 978-7-112-16549-0（25294）32 开 30 元
- 《家装材料选购与施工指南系列——木质与构造材料》
  汤留泉 编著
  ISBN 978-7-112-16550-6（25293）32 开 30 元
- 《家装材料选购与施工指南系列——涂饰与安装材料》
  余飞 编著
  ISBN 978-7-112-16813-2（25610）32 开 30 元